Mohamed MEZIANE

Estudo da Separação Termo-Gravitacional em Meios Porosos

Mohamed MEZIANE

Estudo da Separação Termo-Gravitacional em Meios Porosos

Interações entre Convecção e Termodifusão e suas Aplicações em Engenharia de Fluidos

ScienciaScripts

Imprint

Cover image: www.ingimage.com

This book is a translation from the original published under ISBN 978-613-9-51636-0.

Publisher:
Sciencia Scripts
is a trademark of
Dodo Books Indian Ocean Ltd. and OmniScriptum S.R.L publishing group

120 High Road, East Finchley, London, N2 9ED, United Kingdom
Str. Armeneasca 28/1, office 1, Chisinau MD-2012, Republic of Moldova, Europe
Printed at: see last page
ISBN: 978-620-8-28112-0

Estudo Avançado da Separação Termo-Gravitacional em Meios Porosos: Interações entre Convecção e Termodifusão e suas Aplicações em Engenharia de Fluidos

Mohamed MEZIANE

Índice

Introdução geral

A separação termogravitacional é um fenómeno físico complexo que combina os efeitos da termodifusão e da convecção natural num fluido. Este processo baseia-se na interação entre um gradiente térmico e o campo gravitacional, que geram o movimento do fluido e gradientes de concentração em misturas multicomponentes. O estudo deste fenómeno é de importância fundamental em muitas áreas da ciência e da engenharia, incluindo a energia, os processos industriais e o ambiente, onde é necessária uma separação eficiente dos componentes de uma mistura.

A termodifusão, também conhecida como efeito Soret, descreve a tendência dos componentes de uma mistura para se separarem sob o efeito de um gradiente de temperatura. Este fenómeno resulta da migração diferencial das moléculas de acordo com a sua massa ou natureza química, levando à acumulação de uma espécie junto à parede quente e a outra junto à parede fria. Este mecanismo foi descoberto pela primeira vez por Ludwig em 1856 e desenvolvido por Soret em 1880, mas só muito mais tarde encontrou aplicações em sistemas industriais e científicos.

Na presença de um campo gravitacional, o processo de convecção natural também entra em ação. Este processo é induzido por variações de densidade resultantes de diferenças de temperatura no interior do fluido. Quando é aplicado um gradiente térmico, as variações de densidade fazem com que o fluido mais leve se mova para cima ao longo das paredes quentes e o fluido mais denso se mova para baixo ao longo das paredes frias, criando um fluxo convectivo global. No caso de misturas binárias, este fenómeno é mais complexo, uma vez que a convecção afecta tanto a temperatura como a concentração, tornando o fluxo sensível a variações em ambas as propriedades.

A combinação destes dois fenómenos - termodifusão e convecção - conduz ao que é conhecido como **termogravitação**, um processo sinérgico que amplifica a separação de componentes num fluido binário. Numa configuração óptima, este acoplamento entre a convecção e a termodifusão permite atingir níveis de separação significativamente mais elevados do que apenas com a termodifusão. O fenómeno da termogravitação foi destacado pela primeira vez por Clusius e Dickel em 1938 para os gases e, desde então, tem encontrado numerosas aplicações na separação de isótopos, na indústria petrolífera e na geoquímica, nomeadamente no estudo de reservatórios de hidrocarbonetos e de processos magmáticos.

Neste estudo, estamos interessados na aplicação da termogravitação num **meio poroso** saturado com uma mistura binária. Os meios porosos oferecem um cenário ideal para intensificar o acoplamento entre a convecção e a termodifusão devido à sua permeabilidade e estrutura complexa. A utilização de meios porosos para a separação termogravitacional foi proposta pela primeira vez por Sullivan em 1957 e por Lorenz em 1959. Estes estudos demonstraram que a inserção de uma estrutura porosa numa coluna de termodifusão poderia melhorar a separação através do aumento dos gradientes de concentração e da modulação dos fluxos convectivos.

O modelo matemático utilizado neste trabalho baseia-se nas equações de Darcy para descrever o escoamento em meios porosos. Este modelo, que simplifica as equações hidrodinâmicas clássicas, permite tratar analítica e numericamente configurações complexas. Em particular, o efeito da permeabilidade do meio poroso, o coeficiente de termodifusão (efeito Soret) e o número de Rayleigh térmico são tidos em conta para otimizar a separação. São também efectuadas simulações numéricas baseadas no método dos elementos finitos para validar os resultados analíticos e explorar regimes em que é difícil obter soluções analíticas.

O objetivo deste trabalho é propor uma nova configuração de separação termogravitacional utilizando uma cavidade horizontal preenchida com um meio poroso, saturada com um fluido binário, e sujeita a um fluxo de calor vertical. Este dispositivo oferece várias vantagens em relação às configurações convencionais, tais como cavidades verticais aquecidas diferencialmente: permite uma separação mais eficiente, com melhor controlo das condições experimentais e geometrias celulares mais fáceis de criar.

Em conclusão, este estudo contribui para uma melhor compreensão da separação termogravitacional e propõe métodos de otimização para meios porosos. Também abre caminho para aplicações industriais no domínio da separação de misturas, bem como nas ciências da Terra para compreender os processos geofísicos que envolvem misturas multicomponentes sob o efeito de gradientes térmicos.

Palavras-chave: Convecção; Termodifusão; Termogravitação; Efeito Soret; Misturas binárias Convecção; Termodifusão; Termogravitação; Efeito Soret; Misturas binárias

Nomenclatura

a	Diffusivité thermique ($m^2.s^{-1}$).
b	Le gradient horizontal de température ($°K.m^{-1}$).
K	Perméabilité du milieu poreux (m^2).
c	Fraction massique (sans unité).
D	Coefficient de diffusion massique ($m^2.s^{-1}$).
D_T	Le coefficient de thermodiffusion ($m^2.s^{-1}.°K^{-1}$).
m	Le gradient de fraction massique (m^{-1}).
P	La pression ($N.m^{-2}$).
T	La température ($°K$).
U, u, W..	Les composantes cartésiennes de la vitesse ($m.s^{-1}$).
$\vec{V}$	Le vecteur vitesse ($m.s^{-1}$).
β_T	Le coefficient d'expansion thermique du mélange ($°K^{-1}$).
β_c	Le coefficient d'expansion massique du mélange (sans unité).
ΔT	Ecart de température ($°K$).
μ	La viscosité dynamique du mélange ($Kg.m^{-1}.s^{-1}$).
ν	La viscosité cinématique du mélange ($m^2.s^{-1}$).
ρ	La masse volumique du mélange ($Kg.m^{-3}$)

Capítulo 1

Fenómenos de difusão termogravitacional: teoria, história e aplicações em meios porosos

1. Introdução :

Uma propriedade de transporte que tem sido objeto de muito trabalho na última década é a termodifusão, também conhecida como difusão térmica ou efeito Ludwig-Soret [17]. Este efeito descreve o acoplamento entre um gradiente de temperatura e um fluxo de massa resultante num sistema multicomponente. $\vec{J}_m$ Numa mistura líquida binária com concentração e temperatura não uniformes, o fluxo de massa do componente 1 contém contribuições da concentração e do gradiente de temperatura [7]:

$$\vec{J}_m = -\rho D\vec{\nabla}C - \rho C(1-C)D_T\vec{\nabla}T$$

$_T\rho$ D representa o coeficiente de difusão mássica, D o coeficiente de termodifusão, a densidade e C a fração mássica do componente 1.

A difusão termogravitacional é, portanto, a combinação de dois fenómenos [22] :

O primeiro é a **convecção** natural, resultante da aplicação de um gradiente de temperatura a qualquer fluido no campo da gravidade. Este fenómeno bem conhecido foi amplamente estudado no passado. Recorde-se que o gradiente de temperatura induz variações de densidade que, sob a ação do campo gravitacional, tendem a fazer com que o fluido se desloque para cima ao longo de uma parede quente e para baixo ao longo de uma parede fria (Figura 1). O resultado é um movimento global do fluido na zona considerada.

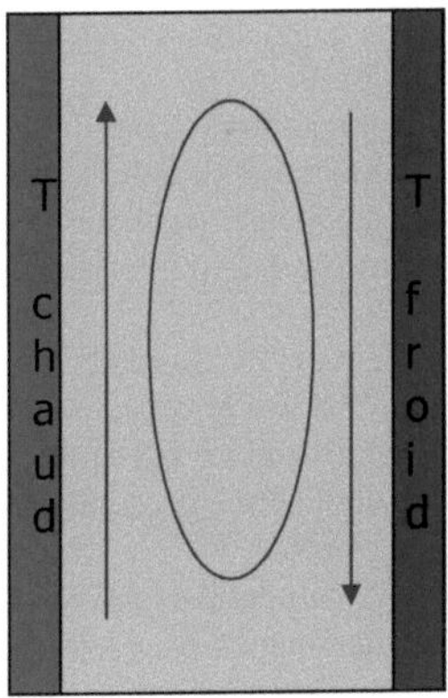

Figura 1: Convecção natural numa cavidade aquecida diferencialmente.

Veremos mais adiante que, no caso das misturas, como a convecção resulta de variações de densidade que são função não só da temperatura mas também da concentração, o movimento global do fluido pode ser mais complexo.

O segundo fenómeno é a difusão térmica, também conhecida como **termodifusão**, uma descoberta relativamente recente que remonta ao século passado. No caso de um fluido multicomponente, a presença de um gradiente de temperatura gera um gradiente de concentração, que resulta num fluxo de matéria dentro da mistura (Figura 2).

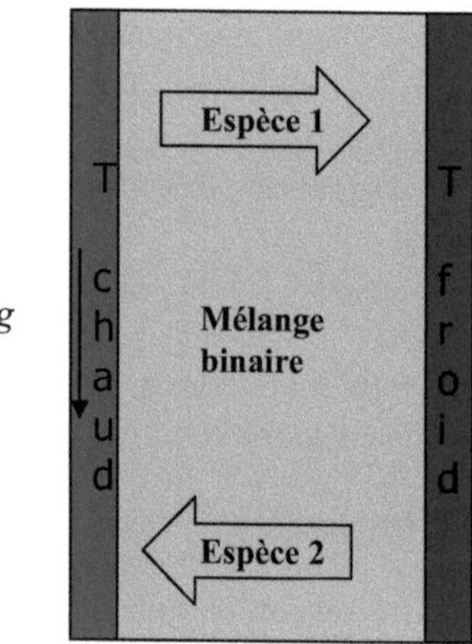

Figura 2: Difusão térmica ou termodifusão

No caso de uma mistura de dois componentes, observa-se então uma acumulação de um dos dois componentes junto à parede fria e do outro componente junto à parede quente. Este fenómeno é também conhecido como "efeito Soret".

Este fenómeno conduz a uma separação dos constituintes. Esta separação pode atingir 25% em fases gasosas em estado estacionário, quando o fluxo de matéria induzido pela difusão molecular (Lei de Fick) compensa o fluxo de termodifusão. No entanto, as separações obtidas em fases líquidas são muito inferiores.

Durante muito tempo, a termodifusão foi estudada isoladamente, tentando evitar a convecção parasita, quer utilizando células horizontais aquecidas a partir de cima, quer em microgravidade, tanto para identificar as suas principais caraterísticas como para determinar os valores efectivos do coeficiente de Soret.

No caso geral, quando uma mistura é submetida a um gradiente de temperatura no campo gravitacional, estão presentes os fenómenos de convecção e de termodifusão. Nestas condições, a reciclagem permanente, ligada à convecção, das moléculas separadas por termodifusão entre as camadas quentes ascendentes do fluido e as camadas frias descendentes do fluido amplifica consideravelmente a separação elementar produzida pela termodifusão e conduz ao enriquecimento de um dos constituintes da mistura na base da coluna e ao seu empobrecimento no topo da coluna (Figura 3).

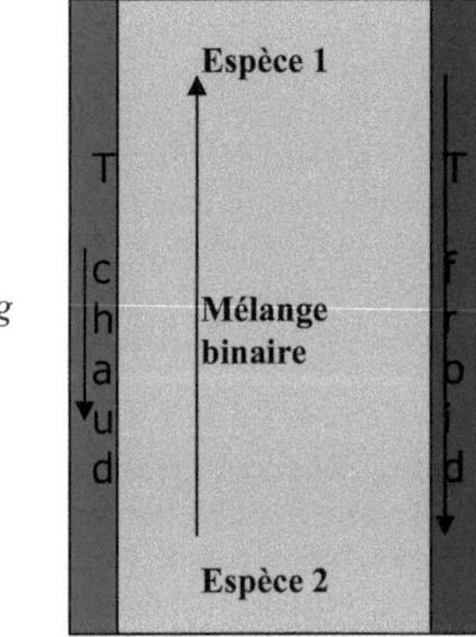

Figura 3: Processo de termogravitação
Distribuição das concentrações em estado estacionário.

A amplitude do fluxo de termodifusão depende apenas das caraterísticas físico-químicas dos constituintes e da diferença de temperatura aplicada. A velocidade de convecção depende também das caraterísticas geométricas das células utilizadas. Esta velocidade deve ser ajustada para obter a melhor separação possível. Se for demasiado baixa, o gradiente de concentração horizontal não é perturbado e o estado estacionário atingido corresponde globalmente a um campo de concentração estratificado verticalmente, semelhante ao obtido por termodifusão pura. Se a velocidade for demasiado elevada, a mistura homogeneiza-se mais rapidamente do que se diferencia e os contrastes de concentração que se possam estabelecer anulam-se. Entre estes dois extremos, existe uma gama em que o acoplamento é ótimo e permite uma separação máxima.

2. História

Nesta secção apresentamos a história do envolvimento da difusão termogravitacional na investigação científica, desde a sua descoberta até aos nossos dias. A apresentação pretende ser cronológica e relativamente sucinta, pelo que não pode fazer referência a todos os autores envolvidos no estudo deste fenómeno. Para mais pormenores, remete-se para as bibliografias de, entre outros, De Groot [8] para os trabalhos anteriores a 1945, Platten e Legros [25] para os trabalhos sobre termodifusão em meios livres e Costesèque [4] para os trabalhos em meios porosos e relacionados com a geologia.

2.1. Termodifusão :

A descoberta da termodifusão deve-se a Ludwig que, em 1856 [20], mencionou pela primeira vez que tinha observado uma diferença de concentração numa solução aquosa de sulfato de sódio sujeita a um gradiente térmico. No entanto, só com os trabalhos de Soret, em 1880 [30] e 1881 [31], sobre soluções electrolíticas, é que se conseguiu uma explicação mais pormenorizada do fenómeno, que desde então recebeu o seu nome. Soret demonstrou a existência de um gradiente de concentração iónica no sentido oposto ao gradiente de temperatura, correspondendo a uma migração de iões para as partes mais frias do recipiente. Entretanto, em 1872, Dufour descobriu o efeito que agora tem o seu nome, nomeadamente o estabelecimento de um gradiente de temperatura como consequência de um gradiente de concentração, um fenómeno que é negligenciável fora das fases gasosas.

Entre 1887 e 1892, vários trabalhos em geologia tomaram em consideração a termodifusão para explicar os fenómenos de diferenciação magmática causados pelos gradientes térmicos presentes no interior dos magmas. Os resultados destes trabalhos foram postos em causa em 1893, quando o fenómeno da termogravitação era ainda desconhecido.

Só em 1911 é que os trabalhos de termodifusão foram retomados e se verificou uma concordância entre os resultados experimentais e os resultados baseados na teoria cinética dos gases. Os trabalhos sobre a separação parcial de isótopos surgiram muito mais tarde.

2.2. Difusão termogravitacional

Só em 1938 é que a atenção dos físicos foi novamente atraída para a difusão térmica, quando Clusius e Dickel [3] desenvolveram um dispositivo que utilizava o campo gravitacional para gerar uma corrente de convecção, permitindo assim aumentar as separações produzidas pela termodifusão numa mistura gasosa. Este método, posteriormente designado por difusão termogravitacional, revelou-se o mais eficaz para separar completamente os isótopos de certos gases. O mesmo método foi depois utilizado para os líquidos por Korsching e Wirtz a partir de 1939 [18]. No entanto, esta descoberta parece ter passado completamente despercebida aos geoquímicos.

2.3 Teoria fenomenológica

Devemos as primeiras descrições fenomenológicas do efeito termogravitacional, obtidas a partir das leis de reciprocidade de Onsager estabelecidas em 1931 [23], a Furry, Jones e Onsager em 1939 [16] para misturas gasosas, e a De Groot em 1942 [9] para líquidos.

Esta abordagem permitiu a estes autores, e a muitos outros, como Bierlein [1] e Majumdar [21], encontrar soluções analíticas para descrever o fenómeno físico.

O desenvolvimento de uma teoria unificadora dos fenómenos irreversíveis, baseada na termodinâmica e englobando todos os processos difusionais, por De Groot em 1945 [8],

Casimir em 1954 [2], De Groot e Mazur em 1961 [9] e Prigogine em 1961 [26] permitiu explicar corretamente a existência do efeito Soret.

2.4. Meios porosos

Após a descoberta do efeito termogravitacional, foram introduzidas numerosas modificações no aparelho original de Clusius e Dickel para melhorar a separação dos constituintes por acoplamento termodifusão-convecção e, nomeadamente, para obter um melhor acoplamento entre as velocidades de difusão térmica e de convecção. Entre os diferentes tipos de colunas, com deflectores, inclinadas ou em espiral, as colunas com enchimento poroso, introduzidas por Sullivan em 1957 [32] e por Lorenz e Emery em 1959 [19], são as mais prometedoras.

Em 1963 [14], Emery e Lorenz desenvolveram uma solução analítica para o problema da difusão termogravitacional em meios porosos, baseada nos mesmos princípios de Furry, Jones e Onsager. Esta solução permite prever a amplitude e a cinética das variações de concentração que podem resultar de condições óptimas de separação em função da permeabilidade do meio.

Estes resultados reacenderam o interesse dos geoquímicos pela difusão termogravitacional como um fenómeno suscetível de fornecer novas explicações para a migração e a separação natural dos elementos. Este processo teria provavelmente passado despercebido, em termos das suas possíveis aplicações e consequências para as ciências da terra, se não fossem os estudos de Estebe em 1970 [15], Schott em 1973 [29], Sanchez em 1975 [28] e Costesèque em 1982 [4]. Estes autores são responsáveis por um grande número de estudos experimentais sobre a difusão termogravitacional em meios porosos. Em particular, propuseram um método para determinar o coeficiente de Soret comparando resultados analíticos com medições experimentais numa dada mistura.

Este facto levou alguns cientistas a interessarem-se pela possível importância dos fenómenos de difusão termodifusional e termogravitacional nos hidrocarbonetos, uma vez que a segregação parcial dos hidrocarbonetos foi observada em várias rochas reservatório e que a maturação de um depósito de hidrocarbonetos está frequentemente associada à existência de um gradiente térmico significativo. El Maâtaoui em 1986 [13], Costesèque et al. em 1987 [5] e Rivière em 1991 [27] relatam trabalhos experimentais sobre colunas termogravitacionais com empacotamento poroso, que mostram claramente que este processo pode ser utilizado para criar heterogeneidades significativas no petróleo bruto, separando os hidrocarbonetos.

Em 1989, Ecenarro et al [10] resolveram as equações do problema da termogravitação num meio livre, tendo em conta a dependência da densidade em relação à concentração na equação da conservação do momento. O efeito desta dependência na separação é conhecido como "efeito esquecido", e não foi levado em conta na teoria formulada por Furry e Jones. Eles mostraram que este efeito pode ser importante em certos casos.

θEm 2003, Platten et al. [24] demonstraram que a inclinação de uma coluna de termogravitação num ângulo em relação à vertical aumentava a separação molecular. g $g\cos\theta$ Uma reformulação muito simples da teoria de Furry-Jones-Onsager-Majumdar, na qual substituíram a aceleração da gravidade por parece reproduzir os resultados experimentais. A utilização de colunas mais compridas (1 ou 2 m), de diferenças de temperatura mais elevadas e de ângulos de inclinação próximos do ótimo pode conduzir a separações da ordem de 1, mesmo que o tempo necessário para estabelecer o estado estacionário aumente significativamente.

A modelação da termogravitação requer o conhecimento do coeficiente de Soret. Vários autores propuseram métodos para medir o coeficiente de Soret.

Costesèque et al [6] propuseram-se verificar se o valor do coeficiente de Soret se altera quando se passa de um meio livre para um meio poroso. Para o efeito, para uma dada mistura líquida, mediram experimentalmente a evolução no tempo do gradiente vertical de concentração na mesma célula de termodifusão, uma vez só com o líquido e outra vez com um meio poroso saturado com a mesma mistura líquida. Verificaram que o coeficiente de Soret era praticamente o mesmo em ambas as experiências.

Elhajjar et al [12], por outro lado, utilizaram uma cavidade horizontal com gradientes térmicos impostos nas paredes horizontais para obter dois parâmetros de controlo para um melhor controlo da separação.

$\psi > 0$ $\psi < 0$ Mais recentemente, Elhajjar, Charrier Mojtabi e Mojtab [11] mostraram, ao contrário do que se tinha feito até agora, que é possível separar as espécies de uma mistura binária numa célula horizontal aquecida por baixo, com o fator de separação ou por cima com , e também separar as espécies numa célula horizontal, sem recear a mistura dos constituintes da mistura observada numa célula vertical para fluidos com coeficiente de Soret negativo. Finalmente, conseguiram melhorar a eficiência da separação termogravitacional, permitindo o desenvolvimento de um processo de separação industrial.

2.5. Conclusão :

A difusão termogravitacional, uma combinação de termodifusão e convecção natural, é um fenómeno fundamental no estudo de misturas de fluidos sob um gradiente de temperatura e um campo gravitacional. Este capítulo traça a história deste fenómeno desde as suas primeiras descobertas, com referências ao trabalho pioneiro de Ludwig, Soret e, mais tarde, Onsager e Furry. O desenvolvimento da nossa compreensão da termodifusão e a sua integração em meios porosos marcou um grande avanço nos métodos de separação de misturas de fluidos.

A aplicação da termogravitação em meios porosos abriu caminho a processos de separação mais eficientes, nomeadamente para misturas complexas como gases e líquidos multicomponentes. Ao compreender os mecanismos fundamentais subjacentes a estes fenómenos, em particular a influência dos gradientes de temperatura e concentração nos fluxos convectivos, é possível explorar estas propriedades para otimizar a separação de espécies em sistemas industriais e geoquímicos.

Nos capítulos seguintes, será aprofundada a análise da termogravitação em configurações específicas, nomeadamente através da introdução de métodos analíticos e numéricos para a resolução das equações que regem este fenómeno em cavidades preenchidas com meios porosos. O objetivo é identificar as condições óptimas para maximizar a separação, considerando as implicações práticas e teóricas destes resultados.

Capítulo 2

Termogravitação numa célula vertical

1. Apresentação do problema :

A termogravitação resulta da interação entre um gradiente térmico e um campo gravitacional, combinando a convecção natural e a termodifusão (efeito Soret) em misturas multiconstituintes. Este fenómeno desempenha um papel fundamental na separação dos constituintes de uma mistura binária de fluidos. Neste estudo, centramo-nos na configuração de uma célula vertical aquecida diferencialmente, um modelo de referência para o estudo teórico e experimental destes processos. O objetivo deste capítulo é analisar em profundidade este sistema e fornecer uma solução analítica para determinar as condições óptimas de separação.

A Figura 1 mostra a configuração geométrica do problema. Consiste numa cavidade vertical, em forma de paralelepípedo, com duas paredes verticais aquecidas diferencialmente. hcA parede esquerda é mantida a uma temperatura elevada T enquanto a parede direita está a uma temperatura mais baixa T . As paredes horizontais estão isoladas termicamente, impedindo qualquer fluxo de calor. Nestas condições térmicas, é induzido um fluxo convectivo no fluido devido às diferenças de densidade associadas ao gradiente de temperatura.

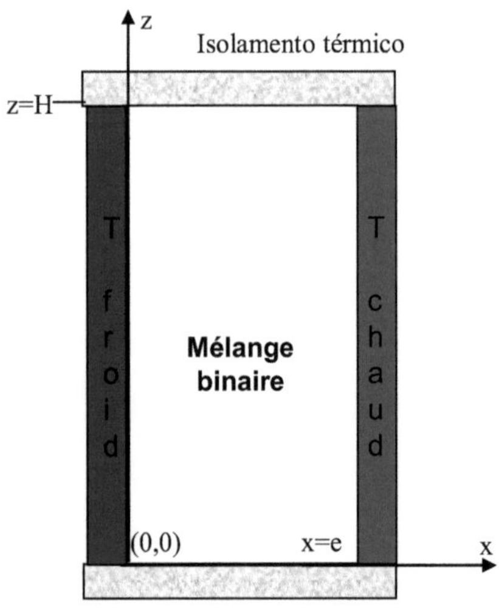

Figura 1: Célula de termogravitação vertical

O campo de temperatura assim criado gera um movimento do fluido para cima ao longo da parede quente e para baixo ao longo da parede fria. Esta convecção natural é reforçada pelo efeito de termodifusão, que provoca a migração das espécies que compõem a mistura. O efeito Soret gera assim um fluxo de matéria devido ao gradiente térmico, levando a uma acumulação das espécies mais densas junto à parede fria e das espécies mais leves junto à parede quente, como ilustrado na Figura 1.

As equações que regem o sistema são derivadas das leis de conservação da massa, do momento e da energia. Estas equações têm em conta o acoplamento entre o movimento convectivo e os gradientes de concentração através da aproximação de Boussinesq, o que simplifica o tratamento das variações de densidade nas equações de Navier-Stokes. O modelo inclui também uma equação de difusão modificada para ter em conta a transferência de massa entre espécies na mistura em resposta ao gradiente térmico. Este acoplamento entre a convecção e a termodifusão torna as equações não lineares e interligadas, exigindo uma abordagem analítica específica para as resolver.

Os principais pressupostos do presente estudo são os seguintes:

1. Estado estacionário: o estudo centra-se no estado estacionário após a estabilização dos campos de temperatura e concentração.
2. Escoamento vertical unidirecional: assume-se que o fluido se move principalmente na direção vertical, o que simplifica as equações de Navier-Stokes.
3. Aproximação de Boussinesq: esta aproximação é utilizada para modelar as variações de densidade em função da temperatura, negligenciando os efeitos da concentração nos termos de flutuabilidade.
4. Difusão de equilíbrio: os gradientes de concentração são pequenos e a variação da densidade relacionada com a concentração é negligenciada, o que é um pressuposto clássico em misturas onde predomina a termodifusão.

As condições de fronteira impostas ao sistema são as seguintes: são aplicadas temperaturas constantes às paredes verticais, enquanto as paredes horizontais são isoladas termicamente. Não há fluxo de material através das paredes e são impostas condições de não escorregamento, ou seja, a velocidade do fluido é nula à superfície das paredes.

O objetivo deste estudo é determinar as condições óptimas para a separação máxima dos constituintes. Em particular, trata-se de encontrar a espessura óptima da célula para maximizar a separação e identificar o número crítico de Rayleigh térmico, que rege a estabilidade do fluxo convectivo. Um dos resultados esperados é que a separação é uma função do equilíbrio entre os fenómenos de convecção e de termodifusão e que o acoplamento ótimo permite obter separações significativas em condições experimentais realistas.

No entanto, a configuração vertical tem certas limitações. As espessuras óptimas das células são frequentemente muito pequenas, da ordem de alguns décimos de milímetro, o que dificulta a sua aplicação prática. Além disso, o tempo de relaxamento para atingir o estado estacionário pode ser extremamente longo, o que limita a aplicabilidade deste método em grande escala. Estas limitações serão discutidas em mais pormenor nas secções seguintes.

Nos capítulos seguintes, exploramos configurações alternativas, como as cavidades horizontais, que podem oferecer vantagens práticas em termos de controlo das condições experimentais e de uma separação mais eficiente dos constituintes.

2. **Resolução analítica :**

Para encontrar uma solução analítica para o problema, Furry, Jones e Onsager utilizaram uma série de hipóteses. A seguir, utilizaremos as mesmas hipóteses, mas com uma abordagem ligeiramente diferente.

O sistema de equações que rege o processo de difusão termogravitacional, derivado dos balanços de matéria, momento, energia e conservação da massa do soluto na aproximação de Boussinesq, é escrito :

$$\nabla.\vec{V} = 0 \quad (1)$$

$$\rho_0[\frac{\partial \vec{V}}{\partial t} + (\vec{V}.\vec{\nabla})\vec{V}] = -\vec{\nabla}P + \rho_0[1 - \beta_T(T - T_0) - \beta_c(C - C_0)](-g).\vec{e}_z + \mu\nabla^2\vec{V} \quad (2)$$

$$\frac{\partial T}{\partial t} + \vec{V}.\vec{\nabla}T = a\nabla^2 T \quad (3)$$

$$\frac{\partial C}{\partial t} + \vec{V}.\vec{\nabla}C = D\nabla^2 C + D_T C(1 - C)\nabla^2 T \quad (4)$$

$\vec{V}$ ρ_0 T_0 C_0 Nas equações (1-4), representa a velocidade, T a temperatura, C a fração mássica da espécie mais pesada, P a pressão, a densidade à temperatura inicial e para a fração mássica inicial , β_T β_C μ D D_T $\vec{e}_z$ e os coeficientes de expansão térmica e mássica, a viscosidade dinâmica, a a difusividade térmica, o coeficiente de difusão mássica, o coeficiente de termodifusão e o vetor unitário ao longo do eixo z.

Os principais pressupostos utilizados são os seguintes:

- Estamos interessados no estado estacionário.
- Assume-se que a velocidade do escoamento tem uma única componente vertical que é função de uma única abcissa x : $\vec{V} = W(x)\vec{e}_z$ A alteração da estrutura do escoamento nos bordos da célula não é tida em conta.
- $C(1-C)$ $C_0(1-C_0)$ Assume-se que a concentração varia pouco e, por esta razão, o produto das concentrações é substituído pelo produto das concentrações no estado inicial na equação (4).
- A temperatura no interior da mistura depende apenas da abcissa x.
- β_c A influência da variação da concentração na variação da densidade da mistura é desprezada, ou seja, =0. Isto é conhecido como o efeito esquecido.

As condições de fronteira associadas são :

- Temperaturas impostas às duas paredes verticais :

$$T(x=0,z)=T_F \tag{5}$$

$$T(x=e,z)=T_C \tag{6}$$

Em que "e" representa a espessura da cavidade.

- As paredes horizontais são isoladas termicamente:

$$\left.\frac{\partial T}{\partial z}\right|_{z=0}=\left.\frac{\partial T}{\partial z}\right|_{z=H}=0 \tag{7}$$

- Todas as paredes são sólidas, pelo que não há deslizamento nas paredes:

$\vec{V}=0$ em todas as paredes.

- Todas as paredes são impermeáveis ao material:

$(D\vec{\nabla}C+D_T C_0(1-C_0)\vec{\nabla}T).\vec{n}=0$ em todas as paredes.

$\vec{n}$ Onde representa a normal de saída na parede correspondente.

Com as hipóteses já mencionadas, e eliminando a pressão no sistema de equações (1-4), obtém-se :

$$\begin{cases} \nu\dfrac{d^3W}{dx^3}+\beta_T g\dfrac{dT}{dx}=0 & (8)\\[2ex] \dfrac{d^2T}{dx^2}=0 & (9)\\[2ex] W\dfrac{\partial C}{\partial z}=D(\dfrac{\partial^2 C}{\partial x^2}+\dfrac{\partial^2 C}{\partial z^2})+D_T C_0(1-C_0)\dfrac{d^2T}{dx^2} & (10)\end{cases}$$

$\nu=\mu/\rho_0$ Onde é a viscosidade cinemática da mistura.

As condições de fronteira passam a ser :

$$W(x=0)=W(x=e)=0 \tag{11}$$

$$T(x=0)=T_F \tag{12}$$

$$T(x=e)=T_C \tag{13}$$

$$\left.\frac{\partial C}{\partial x}\right|_{x=0,e} = -C_0(1-C_0)\frac{D_T}{D}\left.\frac{dT}{dx}\right|_{x=0,e} \tag{14}$$

$\frac{\partial C}{\partial x}$ $\frac{\partial C}{\partial z}$ Para resolver o problema analiticamente, assumimos que é independente de z e é independente de x.

$C=C_1(x)+\delta z$ Assume-se também que a concentração C varia linearmente com z, pelo que: .

Por fim, obtém-se :

$$\nu\frac{d^3W}{dx^3}+\beta_T g\frac{dT}{dx}=0 \tag{15}$$

$$\frac{d^2T}{dx^2}=0 \tag{16}$$

$$W\delta = D\frac{d^2C_1}{dx^2} \tag{17}$$

A equação (16), com condições de fronteira de temperatura, dá o campo de temperatura :

$$T(x)=T_F+\frac{T_C-T_F}{e}x \tag{18}$$

Substituindo o campo obtido na equação (15), obtemos a equação diferencial em W(x) :

$$\nu\frac{d^3W}{dx^3}+\beta_T g\frac{T_C-T_F}{e}=0 \tag{19}$$

Esta é uma equação diferencial de terceira ordem e, de momento, só temos duas condições de fronteira para a velocidade, que correspondem ao não deslizamento nas paredes, pelo que precisamos de uma terceira condição. Utilizamos a conservação do fluxo volúmico em qualquer secção horizontal da célula, que se traduz por :

$$\int_0^e W(x).dx=0 \tag{20}$$

Assim, resolvendo a equação (19) com as três condições de fronteira sobre a velocidade, obtém-se :

$$W(x) = \frac{-\beta_T g \Delta T}{6 \nu e} x(x-e)(x-\frac{e}{2}) \tag{21}$$

Substituindo o campo de velocidade obtido na equação (17), encontramos :

$$\frac{-\beta_T g \Delta T}{6 \nu e} x(x-e)(x-\frac{e}{2})\delta = D\frac{d^2 C_1}{dx^2} \tag{22}$$

Integrando esta equação diferencial (22) obtém-se :

$$C_1(x) = -\frac{\beta_T g \Delta T \delta}{12 \nu e D}(\frac{x^5}{10} - \frac{e x^4}{4} + \frac{e^2 x^3}{6}) + k_1 x + k_2 \tag{23}$$

12Onde k e k são constantes arbitrárias.

12 δ Ainda temos três constantes indeterminadas k , k e , e só temos duas condições para a não penetração em paredes verticais, pelo que precisamos de encontrar outras condições:

Quando o regime estacionário é estabelecido, o perfil de concentração estabiliza e deixa de haver qualquer fluxo líquido de massa através de qualquer secção horizontal:

$$\int_0^e (W(x).C - D\frac{\partial C}{\partial z}).dx = 0 \tag{24}$$

Ainda temos a condição de conservação da massa do soluto na cavidade:

$$\int_0^e dx \int_0^H C dz = C_0 e H \tag{25}$$

12 δ Temos, portanto, quatro condições (as duas condições de não-penetração nas paredes e as condições (24) e (25)), e temos três constantes para determinar k , k e .

A condição (24) é obtida utilizando as condições de não-penetração nas paredes. Para resolver este problema, utilizámos a condição (24) em vez de uma das duas condições de não penetração.

Utilizando estas condições, obtemos :

$$\delta = \frac{504 \beta_T g \Delta T^2 \nu e^2 D_T C_0 (-1 + C_0)}{\beta_T^2 g^2 \Delta T^2 e^6 + 362880 D^2 \nu^2} \tag{26}$$

ΔC Introduzimos a separação, que é a diferença de concentração entre o fundo e o topo da célula:

$$\Delta C = C_{bas} - C_{haut} = -H\delta = \frac{504\beta_T g\Delta T^2 \nu e^2 D_T C_0(1-C_0)}{\beta_T{}^2 g^2 \Delta T^2 e^6 + 362880 D^2 \nu^2} H \qquad (27)$$

3. Condições óptimas de separação :

Estamos agora a procurar a espessura que proporciona a máxima separação.

ΔC Note-se que tende para zero quando e tende para zero ou infinito, pelo que existe um valor para a espessura que dá a separação máxima.

A espessura óptima é facilmente encontrada para ser :

$$e_{opt} = 2(2835)^{1/6}\left(\frac{D^2\nu^2}{\beta_T{}^2 g^2 \Delta T^2}\right)^{1/6} \qquad (28)$$

E a separação máxima é dada por :

$$\Delta C = \frac{(2835)^{1/3}(D^2\nu^2\beta_T{}^4 g^4 \Delta T^4)^{1/3} D_T C_0(1-C_0)}{270\beta_T g \nu D^2} H \qquad (29)$$

Para ilustrar este resultado, vamos considerar uma mistura binária já utilizada por Platten et al [24], uma mistura água-etanol com 60,88% de água em massa. A temperatura média da mistura é de 22,5ºC, temperatura na qual as propriedades da mistura são dadas na Tabela 1.

ρ	β_T	β_c	D	D_T	ν	a
935,17 kg.m^{-3}	7.86 10^{-4} ºK^{-1}	-0.212	4.32 10^{-10} ^{2}m .s^{-1}	1.37 10^{-12} $^{2-1}$m .s . ºK^{-1}	2.716 10^{-6} ^{2}m .s^{-1}	10^{-7} ^{2}m .s^{-1}

Tabela 1: propriedades da mistura água-etanol a 60,88% de água em massa e 22,5°C.

opt P ara uma diferença de temperatura de 1ºK obtemos e =0,4 mm, e a separação correspondente para um comprimento de 0,53 m é: 0,37, o que é uma separação muito grande.

A figura 2 mostra a variação da separação em função da espessura das células, demonstrando claramente a existência de um valor ótimo de espessura.

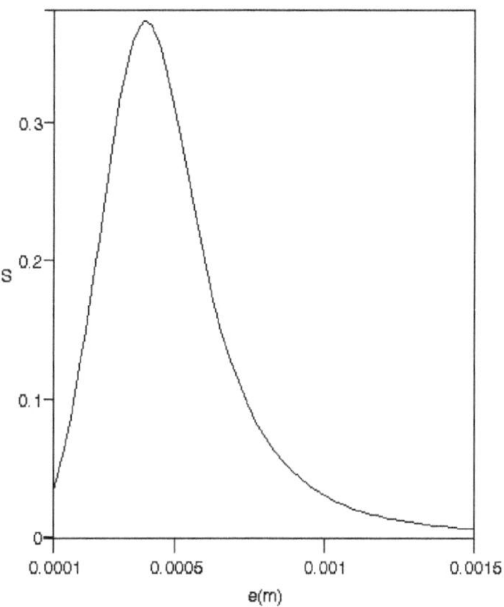

Figura 2: Separação em função da espessura da célula para L=0,53m e $\Delta T = 1°K$

$C(1-C)$ $C_0(1-C_0)$ Dada esta grande separação, a hipótese de substituir com é questionável.

4. Resultados para grandes separações :

Majumdar [21] resolveu o problema com a variável C e deu a forma geral da separação, especificando também o tempo de separação associado.

Obteve a seguinte relação que dá a separação em função de um parâmetro q :

$$\Delta C = \frac{\left(q^{C_0} - 1\right)\left(q^{1-C_0} - 1\right)}{\left(q-1\right)} \tag{30}$$

Com :

$$q = e^{(H_1/K)H}$$

$$\frac{H_\perp}{K} = \frac{\dfrac{\beta_T \rho g D_T \Delta T^2 e^3}{6!\nu D}}{\dfrac{\beta_T{}^2 \rho g^2 \Delta T^2 e^7}{9!\nu^2 D} + e\rho D} \tag{31}$$

O tempo de separação (tempo de relaxamento) é dado por :

$$\tau = \frac{9! H^2 \nu^2 D}{(\pi \Delta T g \beta_T{}^3)^2} \tag{32}$$

Para uma diferença de temperatura de 1ºK e uma espessura de 0,4 mm, obtém-se um tempo de relaxamento de 36601 horas, ou seja, cerca de 4 anos!

A separação pode ainda ser aumentada através do aumento da diferença de temperatura, mas isto reduzirá a espessura óptima, que é mais difícil de alcançar, e o volume de fluido a separar torna-se muito pequeno.

ΔT A Tabela 2 mostra a espessura óptima para diferentes valores de , com a separação correspondente para um comprimento de 0,53 m, e o tempo de separação.

ΔT	1ºK	5ºK	10ºK	15ºK
Espessura óptima	0,40 mm	0,23 mm	0,18 mm	0,16 mm
Separação	0.3731243264	0.9958086195	0.9999990887	1
Tempo de relaxamento	36601.2 horas	36601.2 horas	36601.2 horas	36601.2 horas

Tabela 2: Separação óptima numa célula vertical com 0,53 m de comprimento.

ΔT Verifica-se que o tempo de relaxação é o mesmo em todo o lado, isto porque ao substituir a espessura óptima pelo seu valor na expressão do tempo de relaxação (32), a diferença de temperatura é simplificada e o tempo de relaxação torna-se então independente de , o que pode ser explicado pelo facto de o aumento da diferença de temperatura aumentar a convecção mas a diminuição da espessura diminuí-la, pelo que basicamente temos a mesma intensidade de convecção e portanto o mesmo tempo de relaxação. $_{opt}$ Quando substituímos a espessura e pela espessura óptima e na equação (32), obtemos o tempo de relaxamento para a espessura óptima:

$$\tau = \frac{2H^2}{D\pi^2} \quad (33)$$

A célula vertical pode, portanto, conseguir uma separação completa, mas as espessuras necessárias são muito pequenas e difíceis de obter, e o volume da mistura é muito pequeno. Além disso, o tempo de relaxamento é muito longo devido à pequena espessura.

Na prática, é impraticável obter uma espessura inferior a 1,5 mm ao longo do comprimento de uma célula de mais de 50 cm.

A Tabela 3 mostra a variação do tempo de separação e relaxamento em função da diferença de temperatura para uma espessura de 1,5 mm e um comprimento de 530 mm.

ΔT	1°K	5°K	10°K	15°K
Separação	0.006059	0.006063	0.006064	0.006064
Tempo de relaxamento	13,5 horas	5,3 horas	1,3 horas	0,6 horas.

Tabela 3: Variação do tempo de separação e de relaxação em função da diferença de temperatura para a mistura água-etanol a 60,88% de água em massa para H=53cm.

ΔT ΔT Podemos ver que o tempo de relaxamento diminui rapidamente à medida que aumentamos , o que pode ser explicado pelo facto de a velocidade de convecção aumentar à medida que aumenta.

ΔT A separação permanece praticamente constante à medida que varia. $\frac{H1}{K}$ Isto deve-se ao facto de o segundo termo no denominador da equação (31) ser negligenciável em comparação com o primeiro termo para a espessura de 1,5 mm:

$$\frac{\beta_T^2 \rho g^2 \Delta T^2 e^7}{9!\nu^2 D} = 8.21\times10^{-7}\times\Delta T^2 \quad et \quad e\rho D = 0.606\times10^{-9}$$

$\frac{H_1}{K}$ ΔT ΔT Por conseguinte, na expressão de , simplifica-se e a separação torna-se independente de .

5. Conclusão:

Neste capítulo, discutimos em pormenor o estudo da **termogravitação** numa célula vertical, um modelo clássico utilizado para a separação de misturas binárias sob o efeito de um gradiente térmico. Com base no trabalho teórico de **Onsager, Furry e Jones**, desenvolvemos uma abordagem analítica rigorosa para resolver as equações que regem a convecção natural e a termodifusão numa cavidade de geometria simples, mas de grande interesse prático.

Os resultados obtidos mostram que, sob o efeito de um gradiente de temperatura aplicado às paredes verticais, é possível gerar uma separação dos constituintes de uma mistura binária. O campo de temperatura, combinado com o campo de concentração, permite determinar as condições óptimas para maximizar a separação. Conseguimos demonstrar que existe uma espessura óptima da cavidade para a qual a separação das espécies é maximizada. Esta espessura está diretamente relacionada com as propriedades termofísicas da mistura em estudo, em particular o **número de Rayleigh térmico** e o **coeficiente de Soret**, que descreve a intensidade do efeito de termodifusão.

No entanto, embora esta configuração vertical permita obter separações significativas, as nossas análises revelam certas limitações inerentes ao sistema. A espessura óptima da cavidade é frequentemente muito pequena (da ordem de alguns décimos de milímetro), o que dificulta a sua implementação em sistemas experimentais ou industriais. Além disso, quando a espessura excede este valor ótimo, a separação diminui consideravelmente e o tempo necessário para atingir uma separação estável, também conhecido como **tempo de relaxação**, torna-se muito longo, atingindo vários milhares de horas em alguns casos. Este facto limita a eficácia e a rapidez dos processos de separação neste tipo de configuração.

Outro aspeto importante salientado neste estudo é a **não linearidade** dos efeitos da convecção e da termodifusão à medida que nos afastamos das condições óptimas. A valores elevados do número de Rayleigh, a convecção torna-se demasiado intensa, homogeneizando rapidamente a mistura e anulando os efeitos da termodifusão. Isto demonstra a importância crucial de um acoplamento ótimo entre os dois fenómenos para conseguir uma separação eficiente.

Finalmente, embora a teoria e as soluções analíticas desenvolvidas neste capítulo forneçam resultados robustos e úteis para configurações simples, não podem ser aplicadas diretamente a sistemas mais complexos ou realistas. Em particular, os efeitos associados a variações na estrutura geométrica, a não linearidade das propriedades termofísicas e a influência dos efeitos de borda exigem abordagens mais sofisticadas, como simulações numéricas.

Nos capítulos seguintes, centrar-nos-emos, portanto, em configurações alternativas, em particular **cavidades horizontais**, que poderão oferecer vantagens práticas significativas. Exploraremos também abordagens numéricas para modelar os fluxos e a transferência de massa e calor em sistemas porosos saturados com misturas binárias, com vista a otimizar os processos de separação numa gama mais vasta de condições experimentais.

Capítulo 3

Análise dos fenómenos de gravitação térmica em camadas horizontais: para uma separação eficiente de misturas de fluidos

1. Introdução :

A compreensão dos mecanismos de separação de misturas de fluidos é essencial em muitas áreas da engenharia e da ciência aplicada, incluindo o tratamento de águas, a separação de hidrocarbonetos e a gestão de processos químicos. Entre os vários métodos de separação, a termogravitação destaca-se pela sua capacidade de explorar gradientes térmicos e gravitacionais para promover a separação dos constituintes de uma mistura. Este fenómeno, que combina a termodifusão (ou efeito Soret) e a convecção natural, optimiza a separação de espécies em sistemas multicomponentes.

Neste capítulo, centramo-nos no estudo da termogravitação numa camada plana sujeita a um fluxo de calor horizontal. Esta configuração tem caraterísticas únicas que diferem dos sistemas convencionais, como as células verticais. A disposição horizontal do fluxo de calor permite uma melhor gestão dos gradientes de temperatura e oferece vantagens práticas em termos de otimização da separação. A simplicidade geométrica da camada plana, combinada com o efeito da gravidade, também facilita a modelização e a análise teórica do fenómeno.

O principal objetivo deste capítulo é desenvolver uma abordagem analítica para modelar os fenómenos de termogravitação neste tipo de configuração. Começamos por estabelecer as equações que descrevem o comportamento dos fluidos em estado estacionário, incorporando os efeitos da convecção e da termodifusão. Considerando as leis de conservação da massa, do momento e da energia, formularemos as equações necessárias para descrever a transferência de calor e de massa no interior da camada.

Examinaremos também a influência das condições de fronteira e dos parâmetros dimensionais, como o número de Rayleigh, no processo de separação. O número de Rayleigh, que quantifica o rácio entre as forças de flutuação e viscosas, desempenha um papel crucial na estabilidade do fluxo e na separação de espécies. Através da análise de diferentes configurações de fluxo e da avaliação dos efeitos das variações de temperatura, procuraremos identificar as condições óptimas para maximizar a separação dos constituintes.

Serão também efectuadas simulações numéricas para validar os nossos resultados analíticos e explorar regimes de funcionamento que não podem ser facilmente captados por modelos analíticos. A utilização de métodos de cálculo avançados, como o método dos elementos finitos, permitir-nos-á examinar as interações complexas entre os vários fenómenos físicos que actuam no sistema.

Finalmente, discutiremos as implicações práticas destes resultados para o desenvolvimento de tecnologias de separação mais eficientes. Ao identificar os desafios associados à implementação destes conceitos em aplicações industriais, destacaremos direcções futuras para a investigação em termogravitação, particularmente no que diz respeito à otimização dos sistemas existentes e à exploração de novas configurações geométricas.

Em resumo, este capítulo tem como objetivo fornecer uma compreensão aprofundada dos mecanismos de separação por termogravitação numa configuração de camada plana, ao mesmo tempo que estabelece as bases para futuras aplicações industriais.

2. Apresentação do problema :

L' H' $A = L'/H' >> 1$ Consideramos uma cavidade retangular de comprimento e altura tais que a razão de aspeto (Figura 1). O gradiente de concentração vertical induzido pelo efeito Soret resulta da imposição de um fluxo de calor constante e uniforme q' nas paredes horizontais. As paredes verticais da cavidade são consideradas adiabáticas e impermeáveis. O meio poroso é assumido como homogéneo, isotrópico, obedecendo ao modelo de Darcy e saturado por um fluido binário incompressível.

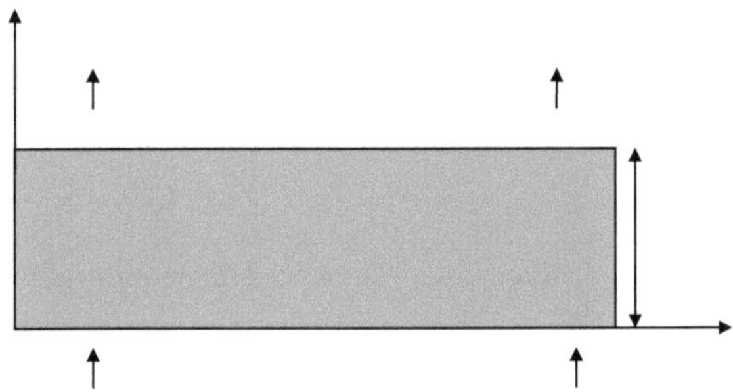

L' H' Figura 1: Célula retangular de comprimento e altura sujeita a um fluxo de calor :

Nota: As quantidades marcadas com " ' " são quantidades dimensionais.

Em primeiro lugar, analisaremos as equações dimensionais que regem o comportamento da mistura. De seguida, colocamos estas equações em forma adimensional para simplificar o número de parâmetros do problema. O sistema adimensional será então resolvido com um programa de computação numérica "Comsol" que utiliza o método dos elementos finitos, e os resultados obtidos serão comparados com os resultados analíticos, os resultados obtidos numa célula vertical e finalmente com os obtidos por Vasseur et al [33].

3. Formulação matemática :

A cavidade utilizada é descrita acima (ver Figura 1). O objetivo desta investigação é determinar os campos de velocidade, temperatura e concentração em função dos parâmetros do problema.

Apresentamos as equações de Darcy que regem o comportamento de um fluido num meio poroso, e as hipóteses simplificadoras utilizadas para caraterizar o seu movimento no interior da cavidade.

Para resolver este problema, são assumidos os seguintes pressupostos:

- O fluido estudado é considerado newtoniano e incompressível.
- O trabalho das forças de pressão e o trabalho devido às forças de viscosidade serão negligenciados.
- Assume-se que o escoamento é bidimensional.
- Estamos num estado estacionário.
- Utilizando a aproximação de Boussinesq

$$\rho = \rho_0 \left[1 - \beta_T \left(T - T_0\right) - \beta_C \left(C - C_0\right)\right] \quad (1)$$

T C ρ_0 T_0 C_0 β_T β_C Onde e representam, respetivamente, a temperatura e a fração mássica do fluido num ponto do sistema, e , e simbolizam, respetivamente, a densidade, a temperatura e a concentração no estado inicial. e são, respetivamente, os coeficientes de expansão térmica e mássica.

$$\left(\beta_{\mathrm{T}} = -\frac{1}{\rho_0} \frac{\partial \rho}{\partial T}\bigg|_{P,N} > 0 \quad et \quad \beta_{\mathrm{C}} = -\frac{1}{\rho_0} \frac{\partial \rho}{\partial C}\bigg|_{P,T} < 0 \right) \quad (2)$$

1. Equações dimensionais de governo :

No caso do meio poroso, o escoamento laminar de fluidos homogéneos é regido pela lei de Darcy, pelo que o efeito das forças de inércia pode ser negligenciado. O sistema de equações dimensionais para o problema é, portanto, :

$$\begin{cases} \nabla^2\Psi' = -\dfrac{gK\beta_T}{\nu}\dfrac{\partial}{\partial x'}(T' + \dfrac{\beta_C}{\beta_T}C) & (4) \\ (\rho c)_p \dfrac{\partial T'}{\partial t'} + (\rho c)_f \vec{V'}.\vec{\nabla} T = k\nabla^2 T' & (5) \\ \phi\dfrac{\partial C}{\partial t'} + \vec{V'}\vec{\nabla} C = D\nabla^2 C + D_T C(1-C)\nabla^2 T' & (6) \end{cases}$$

$\vec{V'}$ $\vec{g}$ ν $(\rho c)_f$ et $(\rho c)_p$ k D et D_T K ϕ Ψ' Onde é a velocidade de Darcy, é a constante gravitacional, é a viscosidade cinemática, são as capacidades caloríficas do fluido e do meio poroso, respetivamente, é a condutividade térmica, são o coeficiente de difusão de massa e o coeficiente de termodifusão, respetivamente, é a permeabilidade, é a porosidade do meio poroso e é a função de corrente.

Ψ' Em problemas de transferência de calor, é comum eliminar a pressão utilizando a formulação da função corrente . Na seguinte forma :

$$u' = \frac{\partial \Psi'}{\partial y'} \quad v' = -\frac{\partial \Psi'}{\partial x'} \quad \text{e} \quad (7)$$

As condições de fronteira correspondentes :

$$x' = \pm L', \quad \Psi' = 0, \quad \frac{\partial T'}{\partial x'} = \frac{\partial C}{\partial x'} = 0 \quad (8)$$

$$y = \pm H', \quad \Psi' = 0, \quad \frac{\partial T'}{\partial y'} = -\frac{q'}{k} \quad (9)$$

$$\frac{\partial C}{\partial y'} = -\frac{D_T}{D}C(1-C)\frac{\partial T'}{\partial y'} \quad (10)$$

q' é o fluxo de calor aplicado às paredes horizontais.

2. Parâmetros de escala :

As equações anteriores foram estabelecidas em forma dimensional. Para simplificar os cálculos, elas são convertidas para a forma adimensional.

A fim de tornar as equações anteriores adimensionais, a dimensão H' da cavidade foi escolhida como comprimento de referência. $\frac{a}{H}$O rácio foi utilizado para dimensionalizar a velocidade. A temperatura e a concentração são dimensionadas em relação às diferenças de temperatura ΔT′ e de concentração ΔC entre as duas paredes horizontais da cavidade, respetivamente.

Os parâmetros de escala escolhidos são os seguintes:

$$(x,y) = \frac{(x',y')}{H'}, \quad (u,v) = \frac{(u',v')\ H'}{a}, \quad S = \frac{C}{\Delta C}$$
$$t = t'\frac{a}{H'^2}, \quad \Psi = \frac{\Psi'}{a}, \quad \varepsilon = \frac{\phi}{\sigma}$$
$$T = \frac{(T'-T'_0)}{\Delta T'}, \quad \Delta T' = \frac{q'H'}{k}$$

a Com a difusividade térmica do fluido: $a = k/\rho C$ $\Delta C = -C_0 \Delta T'(1-C_0)\ D_T/D$ e

$\sigma = \frac{(\rho c)_p}{(\rho c)_f}$ é o rácio das capacidades caloríficas.

3. Equações de governo sem dimensão e condições de fronteira :

Se substituirmos as quantidades sem dimensão nas equações {(4), (5) e (6)} obtemos o seguinte sistema sem dimensão:

$$\nabla^2\Psi = -Ra\left(\frac{\partial T}{\partial x} + \varphi\frac{\partial S}{\partial x}\right) \tag{11}$$

$$\frac{\partial T}{\partial t} + u\frac{\partial T}{\partial x} + v\frac{\partial T}{\partial y} = \nabla^2 T \tag{12}$$

$$\varepsilon\frac{\partial S}{\partial t} + u\frac{\partial S}{\partial x} + v\frac{\partial S}{\partial y} = \frac{1}{Le}\left(\nabla^2 S - \nabla^2 T\right) \tag{13}$$

Ra Ra_S Le ε A Este problema depende de 5 parâmetros adimensionais: o número de Rayleigh térmico, o número de Rayleigh solutal, o número de Lewis, a porosidade normalizada e a razão de aspeto. Estes parâmetros são dados por :

$$Ra = \frac{g\beta_T K\Delta T' H'}{a\nu}, \qquad Ra_S = \frac{g\beta_N K\Delta C H'}{D\nu}$$

$$Le = \frac{a}{D}, \qquad A = \frac{L'}{H'}, \qquad \varepsilon = \frac{\phi}{\sigma}$$

Os números de Rayleigh térmico e solutal estão relacionados pela seguinte expressão : $Ra_S = Ra\varphi Le$ onde φ é a taxa de flutuação definida por : $\varphi = \dfrac{\beta_N \Delta C}{\beta_T \Delta T'}$

As condições de fronteira correspondentes ao sistema de equações {(11), (12), (13)} são :

Em $y = 0$: $\Psi = 0$ $\quad \dfrac{\partial T}{\partial y} = \dfrac{\partial S}{\partial y} = -1$ (14)

Em $y = 1$: $\Psi = 0$ $\quad \dfrac{\partial T}{\partial y} = \dfrac{\partial S}{\partial y} = -1$ (15)

Em $x = 0$: $\Psi = 0$ $\quad \dfrac{\partial T}{\partial y} = \dfrac{\partial S}{\partial y} = 0$ (16)

Em $x = \mathrm{A}$: $\Psi = 0$ $\quad \dfrac{\partial T}{\partial y} = \dfrac{\partial S}{\partial y} = 0$ (17)

4. Resolução analítica :

No parágrafo anterior, estabelecemos as equações básicas que regem a convecção termossolúvel. Estas equações formam um sistema de equações diferenciais não lineares acopladas que são difíceis de resolver analiticamente. $(A >> 1)$No entanto, no caso limite de grandes camadas porosas, são possíveis soluções analíticas aproximadas.

O objetivo desta secção é apresentar o método analítico aproximado que foi utilizado para resolver o problema colocado e apresentar as hipóteses que permitem resolver o problema mais facilmente e que conduzem a uma solução simplificada.

$(A >> 1)$As equações governantes podem ser simplificadas usando a hipótese do escoamento paralelo (usada no passado por vários autores, incluindo Sen et al [16],

Elhajjar, Mojtabi e Marcoux [12]) que consideram que o escoamento gerado no núcleo de uma cavidade infinita se torna paralelo às paredes na região central. O fluxo inverte-se em 180° nas extremidades da cavidade. Os perfis de temperatura e concentração dependem então da coordenada transversal.

- $\rightarrow\infty$ O presente problema pode ser considerado para uma cavidade alongada $(A\ )$. Neste caso, como discutido por Elhajjar, Mojtabi e Marcoux [12] e outros autores, o escoamento pode ser considerado como paralelo na região central da cavidade. A função corrente, portanto, depende apenas de y :

$$\Psi(x,y) \approx \Psi(y) \qquad (18)$$

- q' Na parte central da cavidade, o fluido move-se a uma velocidade constante e está sujeito a um fluxo uniforme de calor ao longo do seu trajeto. A função de distribuição de temperatura varia, portanto, linearmente ao longo de x. $f(y)$ Como a variação ao longo de y é desconhecida, introduzimos a função tal que :

$$T(x,y) = b\,x + f(y) \qquad (19)$$

- Do mesmo modo, a função de distribuição da concentração pode ser escrita como :

$$S(x,y) = m\,x + g(y) \qquad (20)$$

b m Onde e são, respetivamente, os gradientes de temperatura e de concentração ao longo do *eixo* x. Estes gradientes são introduzidos para ter em conta a influência dos bordos da cavidade no resto do escoamento.

4.1 Aplicação às equações governativas :

Como vimos anteriormente, a temperatura e a concentração são funções de x e y. A função corrente depende apenas de y. Além disso, estamos num estado estacionário. As equações adimensionais (11) (12) e (13) podem finalmente ser escritas como :

$$\frac{d^2\Psi}{dy^2} = -\,Ra(b + \varphi\, m\ ) \qquad (21)$$

$$b\frac{d\Psi}{dy} = \frac{\partial^2 f}{\partial y^2} \qquad (22)$$

$$m\frac{d\Psi}{dy} = \frac{1}{Le}(g'' - f''\ ) \qquad (23)$$

Para resolver este sistema de equações com as condições de fronteira e as condições físicas associadas, utilizámos o software de cálculo simbólico MAPLE (ver Anexo 1).

4.2 Abordagem de resolução de problemas :

4.2.1 Determinação da função atual :

Integrando a equação (21), encontramos :

$$\Psi = -\frac{1}{2}Ra(b+\varphi m)y^2 + C_1 y + C_2$$

C_1 *et* C_2 são constantes de integração a serem determinadas pelas condições de fronteira.

$y = 0, \quad \Psi(y) = 0$ Visitar

$y = 1, \quad \Psi(y) = 0$ Visitar

Finalmente, a equação da função atual é escrita :

$$\Psi = \Psi_0(y - y^2) \tag{24}$$

Com

$$\Psi_0 = \frac{1}{2}Ra\ (b+\varphi m) \tag{25}$$

4.2.2 Determinação das funções de distribuição da temperatura e da concentração :

Integrando a equação (22) duas vezes:

$$f(y) = \frac{1}{2}\Psi_0 b y^2 - \frac{1}{3}\Psi_0 b y^3 + C_3 y + C_4$$

C_3 C_4 e são duas constantes a determinar pelas condições de fronteira (ver apêndice 1):

$$f(y) = \frac{1}{2}\Psi_0 b y^2 - \frac{1}{3}\Psi_0 b y^3 - y \tag{26}$$

$f(y)$ Da mesma forma que para a concentração, a equação (23) é integrada e substituída pela expressão encontrada acima:

$$g(y) = (\Psi_0 mLe + \Psi_0 b)\left(\frac{1}{2}y^2 - \frac{1}{3}y^3 - \frac{1}{12}\right) - y + \frac{1}{2} - \frac{1}{2}mA \tag{27}$$

4.2.3 Determinação do gradiente de temperatura b e da fração de massa m :

Em condições de estado estacionário, o perfil de concentração horizontal estabiliza, pelo que deixa de haver qualquer fluxo de massa através de qualquer secção vertical da célula:

$$\int_0^1 (u(y)g(y)Le - m + b)dy = 0 \quad (28)$$

A solução para esta equação dá a expressão para o gradiente de concentração m :

$$m = -\frac{Le\Psi_0^2 b - 5Le\Psi_0 - 30b}{Le^2\Psi_0^2 + 30} \quad (29)$$

Utilizando o mesmo procedimento para encontrar a expressão para o gradiente de temperatura b, já não existe qualquer fluxo de calor através de qualquer secção vertical da célula:

$$\int_0^1 (u(y)f(y) - b)dy = 0$$

Então..: $b = \dfrac{5\Psi_0}{\Psi_0^2 + 30}$ (30)

m b Ψ_0 Substituindo os valores de e pelas suas expressões na relação (25), obtém-se uma equação polinomial de grau 5 em .

$$2\Psi_0^5 Le^2 + (60Le^2 + 60 - 5RaLe^2)\Psi_0^3 + (-150Ra - 150Ra\phi Le + 1800 - 150Ra\phi)\Psi_0 = 0$$

Esta equação tem as cinco soluções seguintes: (31)

$$\Psi_0 = 0$$

$$\Psi_0 = \pm\sqrt{5}\left(\frac{RaLe^2 - 12 - 12Le^2 \pm}{\sqrt{Ra^2Le^4 + 24RaLe^2 - 24RaLe^4 + 144 - 288Le^2 + 144Le^4 + 48Le^3Ra\varphi + 48Le^2Ra\varphi}}\right)^{1/2}$$

Assim, a solução analítica aproximada do problema é :

$$\begin{cases} \Psi = \Psi_0 (y - y^2) \\ T_0 = bx + \Psi_0 b y^2 \left(\frac{1}{2} - \frac{y}{3} \right) - y \\ c_0 = mx + \frac{1}{2}\Psi_0 mLe y^2 - \frac{1}{3}\Psi_0 mLe y^3 + \frac{1}{2}\Psi_0 b y^2 - y - \frac{1}{12}\Psi_0 b - \frac{1}{12}\Psi_0 mLe + \frac{1}{2} - \frac{1}{2} mA \\ \Psi_0 = \pm\sqrt{5} \left(\frac{Ra_T Le^2 - 12 - 12Le^2 \pm}{\sqrt{Ra_T^2 Le^4 + 24Ra_T Le^2 - 24Ra_T Le^4 + 144 - 288Le^2 + 144Le^4 + 48Le^3 Ra_T \varphi + 48Le^2 Ra_T \varphi}} \right)^{1/2} \end{cases} \quad (32)$$

5. Separação:

$S = mA\ Ra$ A separação é definida como a diferença das fracções mássicas do componente mais pesado entre as extremidades esquerda e direita da célula. É, portanto, fácil verificar que a separação máxima é obtida para um valor ótimo de :

$$\mathrm{Ra} = \frac{1}{Le^2(10Le^2 + 197Le - 253)}(40Le^4 - 2400Le^2 + 2000Le^3 - 400Le + 440$$
$$+ 40\sqrt{121 - 220Le + 1816Le^2})^{1/2}$$

$\mathrm{Ra}_{\mathrm{opth}}$ Este valor será registado .

Ra A Figura 2 mostra a variação da separação em função do número de Rayleigh .

Este máximo corresponde ao acoplamento ótimo entre a convecção e a termodifusão. Ra Se for pequeno, a convecção é fraca e a separação é principalmente devida à termodifusão, caso em que é baixa. Ra Se for grande, a convecção é intensa e o fluxo mistura os constituintes da mistura, resultando numa separação reduzida. É de notar que, devido ao valor de referência escolhido para tornar a concentração adimensional, a separação pode ser superior a 1.

$\mathrm{Le} = (2,50,100)$ $\varphi = 0.4$ $\mathrm{Ra}_{\mathrm{opt}} = 7.85$ $\mathrm{Le} = 2$ $\mathrm{Ra}_{\mathrm{opt}} = 1.07$ $\mathrm{Le} = 50$ $\mathrm{Ra}_{\mathrm{opt}} = 0.56$
$\mathrm{Le} = 100$ Para , , a Figura 2 mostra os números de Rayleigh óptimos correspondentes (para , para e para), e as separações máximas correspondentes (S= 5,76 para Le= 2 , S= 4,65 para Le= 50 e 4,61 para Le= 100).

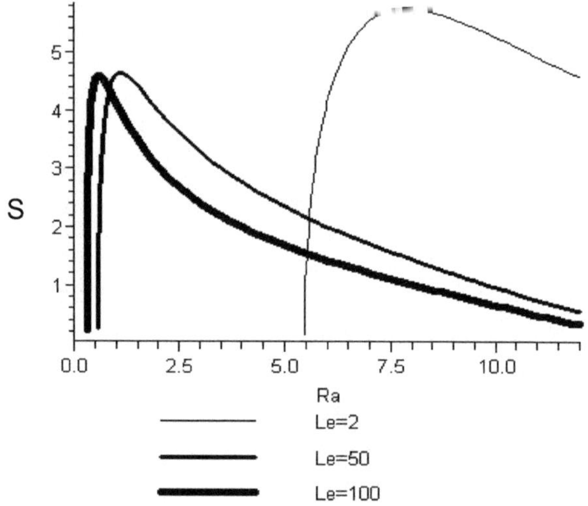

Le = 2 50 100 $\varphi = 0.4$ Figura 2: Curva de separação para , , , .

5.1 Separação obtida numa célula vertical comparada com a obtida na configuração Rayleigh-Bénard:

Para mostrar o valor prático da configuração horizontal, comparamo-la com a configuração vertical. H *e* Se estudarmos a termogravitação numa célula vertical de altura e espessura . As paredes verticais da cavidade são mantidas a temperaturas constantes e diferentes. Utilizamos as mesmas hipóteses que no caso de uma célula horizontal.

Resolvendo as equações do problema com as correspondentes condições de fronteira e as hipóteses adoptadas. $m = (10 \mathrm{LeRa})/(\mathrm{Le}^2\mathrm{Ra}^2 + 120)$ Neste caso, o gradiente de temperatura é . $\mathrm{Ra} = \sqrt{120}/Le$ Observando esta expressão, verifica-se que existe uma separação máxima para . $\mathrm{Ra}_{\mathrm{optv}}$ Este valor será anotado . [12].

Ra $S_{v\max} = 4.56$ *et* $S_{h\max} = 4.60$ $S_{v\max} \approx S_{h\max}$ Se substituirmos os valores óptimos de nas expressões para as separações verticais e horizontais, obtemos praticamente os mesmos valores máximos de separação. Por exemplo, se tomarmos Le=100, encontramos e portanto . Assim, as separações máximas nos casos vertical e horizontal são iguais. Para mostrar a vantagem da configuração horizontal, vamos calcular a razão entre os números de Rayleigh óptimos nos dois casos:

$r = \mathrm{Ra}_{\mathrm{opth}} / \mathrm{Ra}_{\mathrm{optv}}$

$$= \frac{0.09128709291\left(40Le^4 - 2400Le^2 + 2000Le^3 - 400Le + 440 + 40\sqrt{121 - 220Le + 1816Le^2}\right)}{Le(10Le^2 + 197Le - 253)}$$

Por exemplo, se considerarmos os valores de Lewis (Le=2, 50 e 100), podemos facilmente encontrar os valores numéricos desta relação.

$r = 2.525138846$ $r = 26.07267065$ $r = 45.67244110$ Para Le=2 obtemos , para Le=50 obtemos e para Le=100 obtemos . $r > 1$ $\mathrm{Ra}_{\mathrm{opth}} > \mathrm{Ra}_{\mathrm{optv}}$ Assim, cada vez que aumentamos Le, o rácio também aumenta, pelo que verificámos que . Assim, a altura óptima da célula horizontal é superior à largura da coluna vertical, o que é mais fácil de conseguir nas experiências e permite obter uma maior quantidade de fluido separado. Outra desvantagem da célula vertical é a rápida diminuição da separação à medida que o número de Rayleigh aumenta em relação ao valor ótimo. Por outro lado, no caso da célula horizontal, observa-se uma diminuição lenta da separação à medida que o número de Rayleigh aumenta (Fig. 3), pelo que se pode utilizar um número de Rayleigh superior ao ótimo sem perda significativa do grau de separação.

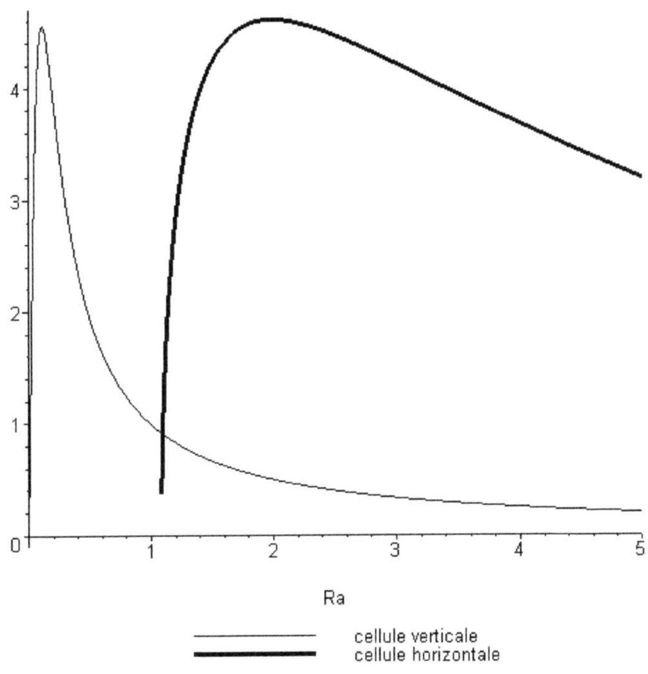

Le = 100 $\varphi = 0.4$ Figura 3: Separação em células horizontais e verticais para , e A=10

6. Simulação numérica :

As equações (3.36), (3.37) e (3.38), juntamente com as condições de fronteira, foram resolvidas numericamente utilizando um método de elementos finitos (código industrial Comsol) com uma malha quadrangular mais adequada à forma retangular da célula utilizada, e com uma resolução espacial de 150 x 30. Le $\varphi = 0.1$ $A = 10$ Verificou-se uma boa concordância entre os resultados analíticos e numéricos no que respeita à separação para = 100, , .

6.1 Apresentando o COMSOL :

O COMSOL é um ambiente poderoso e interativo para modelar todos os tipos de problemas científicos baseados em equações diferenciais parciais (PDE). Com o COMSOL, é possível alargar facilmente os modelos convencionais de um tipo de física a modelos multifísicos que resolvem fenómenos físicos acoplados, e fazê-lo simultaneamente. Ao usar modos integrados de física, é possível estabelecer modelos definindo as quantidades físicas relevantes, como propriedades de materiais, cargas, tensões, fontes e fluxos, em vez de definir as equações fundamentais.

Em seguida, o COMSOL compila internamente um conjunto de EDPs que representam o modelo completo. O poder do COMSOL pode ser acedido como um produto autónomo através de uma interface gráfica de utilizador flexível, ou manualmente através de programação na linguagem MATLAB.

Como já foi mencionado, a estrutura matemática fundamental do COMSOL é um sistema de equações diferenciais parciais. Há três maneiras de descrever PDEs usando os seguintes modos matemáticos:

- "Forma de coeficiente", adequada para modelos lineares ou quase lineares.
- "Forma geral", adequada para modelos não lineares.
- "Forma fraca", para modelos com EDPs nos limites, arestas ou pontos, adequada para modelos que utilizam termos com derivadas no espaço e no tempo.

Utilizando estes modos de aplicação, podem ser efectuados vários tipos de análise, incluindo:

- Análise de valores próprios.
- Análise estacionária e dependente do tempo.
- Análise linear e não linear.

Para resolver PDEs, o COMSOL emprega o método de elementos finitos. O software realiza análises de elementos finitos com adaptação de malha e controle de erros usando uma variedade de solucionadores numéricos. Os PDEs fornecem a base para a modelagem de uma ampla variedade de fenômenos científicos. Consequentemente, o COMSOL pode ser utilizado numa série de áreas de aplicação, por exemplo :

Transferência de calor, dinâmica de fluidos, acústica, biociências, difusão, ótica, escoamento em meios porosos, mecânica quântica, fenómenos de transporte...

Para simular numericamente o problema da difusão termogravitacional na célula horizontal, considerámos o sistema de equações básicas já resolvido analiticamente.

6.2 Comparação dos resultados analíticos e numéricos :

A Tabela 1 e a Figura 4 mostram os resultados da separação obtidos analítica e numericamente.

Ra	separação (digital)	separação (analítica)	Desvio numérico analítico (%)
1.5	4.2486725	4.252121	-0.081100702
2	4.6257725	4.609307	0.357222897
3	4.223495	4.212462	0.261913342
4	3.6816775	3.673587	0.220234338
6	2.7610025	2.753509	0.272143654
8	2.0116375	2.001598	0.501574242
10	1.31356	1.296308	1.330856556
12	0.5269825	0.500102	5.375003499
14	0.15694	0.188546	-16.76301804
18	0.03599	0.086475	-58.38103498
26	0.00707	0.039328	-82.02298617
30	0.0130875	0.030073	-56.48089649
40	0.018465	0.018093	2.056043774
50	0.0194075	0.012428	56.1594786
60	0.0191375	0.009216	107.6551649

70	0.018505	0.007187	157.4787811

$(Le = 2\ et\ \varphi = 0.4)$Tabela 1: Variações nos resultados da separação numérica com o número de Rayleigh para .

Pode ver-se nos resultados do quadro acima que a diferença entre os resultados analíticos e numéricos é muito pequena para números de Rayleigh baixos.

A Figura 4 mostra os resultados analíticos e numéricos da separação que encontrámos e os obtidos por Vasseur et al [33].

Verificamos que os resultados da separação numérica estão em boa concordância com os nossos resultados analíticos para números de Rayleigh baixos. A concordância é menos boa para números de Rayleigh elevados. Isto pode ser explicado pelo facto de o aumento do número de Rayleigh aumentar a velocidade de convecção, pelo que os efeitos de inversão nas extremidades são maiores e a hipótese de linearidade do campo de concentração já não é inteiramente válida. Os resultados de Vasseur et al [33] são mostrados na Fig. 4 que existe uma discrepância muito grande entre os resultados numéricos e analíticos.

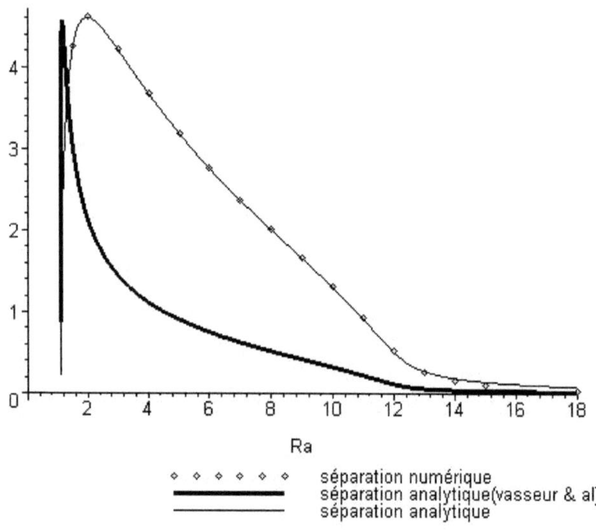

$Le = 100$ Figura 4: Curvas de separação analíticas e numéricas para , $\varphi = 0.1$

Observando os campos de concentração obtidos numericamente, notamos que os efeitos de borda negligenciados durante a resolução analítica do problema, e a suposição de linearidade do campo de concentração ao longo de x não são mais completamente aceitáveis para números de Rayleigh elevados. A Figura 6 mostra a variação do campo de concentração em função de x para a célula estudada neste capítulo, mostrando que o campo de concentração ao longo de x é perfeitamente linear. Podemos ver que os efeitos de borda são muito importantes e que o campo de concentração não é mais linear, mas a inclinação do perfil de concentração muda abruptamente perto das bordas.

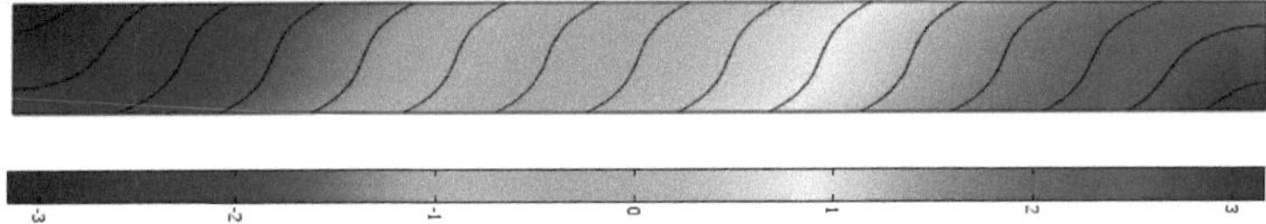

Figura 5: Isoconcentrações na célula para Ra=8, Le=2

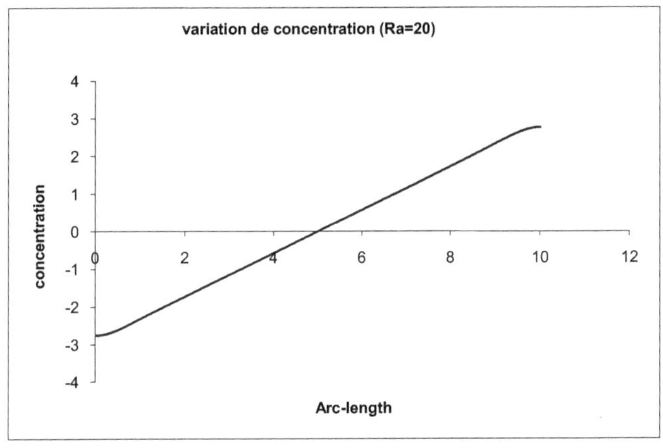

Figura 6: Variação do campo de concentração em função de x para uma célula horizontal.

As figuras 7 e 8 mostram, respetivamente, as isotérmicas na mistura binária e a variação de temperatura ao longo de uma linha que liga os dois pontos extremos colocados a meio da célula.

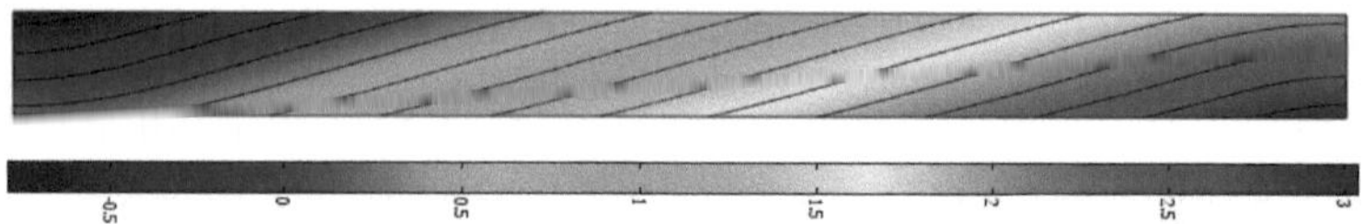

Figura 7: isotérmicas na célula para Ra=8, Le=2

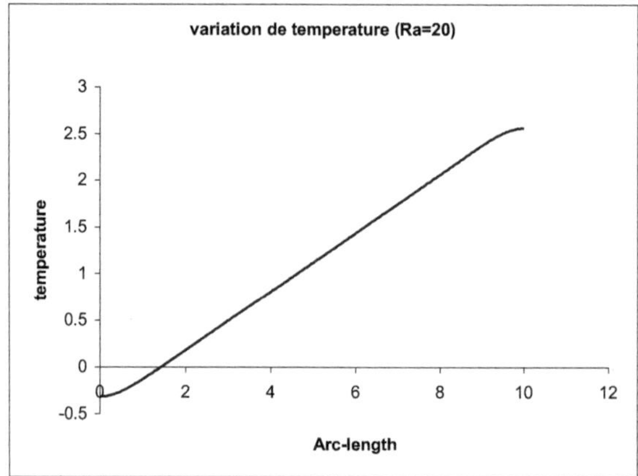

Figura 8: Variação do campo de temperatura em função de x para uma célula horizontal

A Figura 9 mostra as isoconcentrações e as linhas de fluxo para Ra=20. Observa-se um fluxo unicelular neste caso devido à termodifusão, o componente mais denso da mistura migra para a parede mais fria, ou seja, a parede superior, e causa um efeito desestabilizador em comparação com o caso térmico puro. $\varphi > 0$ Enquanto o outro componente se move em direção à parede mais quente, ou seja, a parede inferior ( ), o fluxo unicelular faz avançar um dos componentes da mistura para o lado direito da cavidade e o outro para o lado esquerdo. Isto resulta numa elevada concentração de uma espécie no lado esquerdo da célula e numa elevada concentração da outra espécie no lado direito, conduzindo a uma estratificação horizontal do campo de concentração e à separação das espécies na mistura.

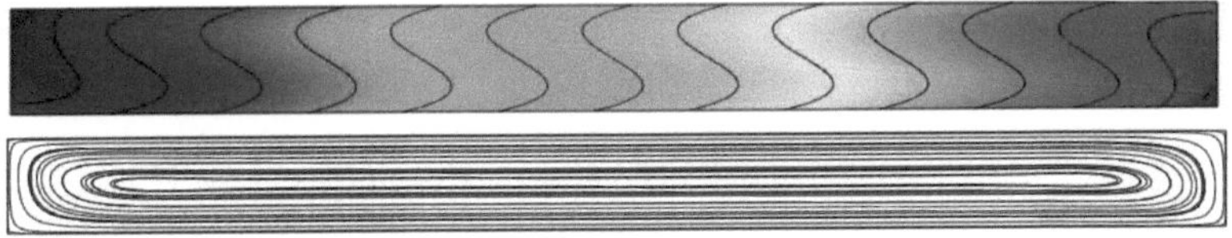

Figura 9: Isoconcentrações e linhas de corrente para : $\varphi = 0.4$ Ra=20, e Le=2 (t=10000).

A Figura 10 mostra a variação do campo de concentração em função do número de Rayleigh Ra, para uma célula de dimensões 2mm x 20mm. As linhas representam as isoconcentrações e as cores a intensidade da fração mássica de água.

Para um número de Rayleigh baixo, por exemplo Ra=4, podemos ver que as isoconcentrações são horizontais e são quase horizontais para Ra=6, o que mostra que a separação se deve principalmente à termodifusão. À medida que o número de Rayleigh aumenta, a velocidade convectiva aumenta e aproximamo-nos cada vez mais de uma separação horizontal. Quando Ra aumenta ainda mais, a convecção torna-se mais importante do que a termodifusão, a curvatura das isoconcentrações aumenta e a separação diminui.

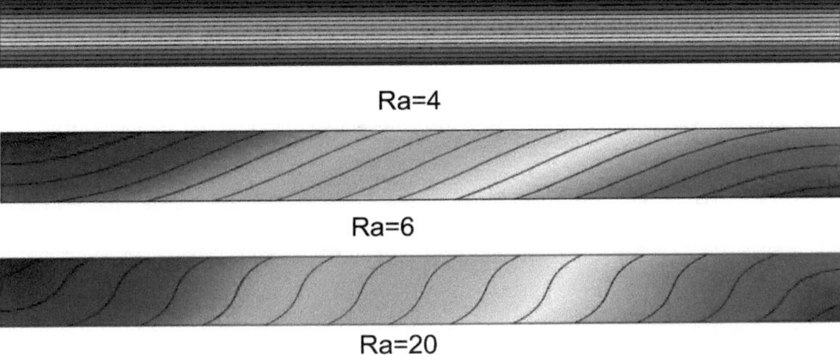

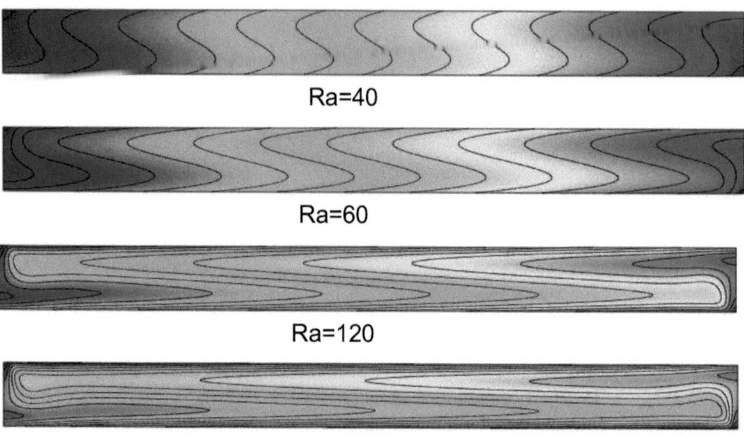

Figura 10: variação das isoconcentrações em função do número de Rayleigh Ra para

$\varphi = 0.4$ (Le= 2 e)

7. Análise da estabilidade linear do fluxo de uma única célula :

Ψ Para estudar a estabilidade da solução unicelular, as equações são escritas introduzindo perturbações na função da corrente, da temperatura T e da fração de massa S.

$$\Psi = \Psi_0 + \Phi \ , \ T = T_0 + \theta \ , \ S = S_0 + s$$

Ao negligenciar os termos de segunda ordem, obtemos as equações lineares cujas incógnitas são as perturbações, após o que desenvolvemos as perturbações nos modos normais:

$$(\Phi, \theta, s) = (\Phi(y), \theta(y), s(y))e^{(Ikx+\sigma t)} \ ,$$

Obtém-se assim o seguinte sistema de equações:

$$\begin{cases} (D^2 - k^2)\Phi(y) = -IkRa(\theta(y) + \varphi s(y)) \\ \sigma\theta(y) + Ik\Psi_0(1-2y)\theta(y) + b\Phi'(y) - Ik(\Psi_0 by - \Psi_0 by^2 - 1)\Phi = (D^2 - k^2)\theta \\ \varepsilon\sigma s(y) + Ik\Psi_0(1-2y)s(y) + m\Phi'(y) - Ik(\Psi_0 mLey - \Psi_0 mLey^2 + \Psi_0 by - \\ \Psi_0 by^2 - 1)\Phi = \dfrac{1}{Le}(D^2 - k^2)(s(y) - \theta(y)) \end{cases}$$

$D = d/dy$ k $\sigma = \sigma_r + I\sigma_i$ $I^2 = -1$ Em que , é o número de onda na direção horizontal, é a taxa de amplificação temporal da perturbação e .

As condições de fronteira correspondentes são:

$$\Phi = 0, \quad \frac{d\theta}{dy} = 0, \quad \frac{ds}{dy} = 0 \quad en \quad y = 0, 1$$

O problema linear resultante é resolvido pelo método de Galerkin até à ordem 5, expandindo as perturbações do seguinte modo (ver Apêndice 2):

$$\Phi = \sum_{i=1}^{N} a_i \sin(i\pi y) \quad \theta = \sum_{i=0}^{N-1} b_i \cos(i\pi y) \quad s = \sum_{i=0}^{N-1} c_i \cos(i\pi y)$$

Foram obtidos números de Rayleigh críticos para bifurcações estacionárias e não estacionárias. O número de Rayleigh crítico que leva a uma bifurcação estacionária é sempre maior do que o número de Rayleigh crítico que leva à bifurcação de Hopf. k_C

Ra_C ω_C Por esta razão, neste estudo apresentamos principalmente os valores do número de onda, o número de Rayleigh crítico e a pulsação crítica associados à bifurcação de Hopf.

$Ra_c = 265.51$, $k_c = 4.68$ *et* $\omega_c = 97.53$ $Le = 2$ *et* $\varphi = 0.4$ No entanto, no estudo numérico, não foi possível encontrar os mesmos valores críticos encontrados analiticamente utilizando uma razão de aspeto de A=10, ou seja, o valor crítico do número de Rayleigh que encontrámos analiticamente está em boa concordância com o encontrado por Vasseur. A diferença entre os resultados obtidos numericamente e os obtidos analiticamente pelo método de Galerkin pode dever-se quer às hipóteses assumidas na determinação da solução analítica, quer à razão de aspeto utilizada na simulação numérica, uma vez que a estabilidade linear foi estudada para uma célula infinita. O estudo da estabilidade linear permitiu definir a gama de variação dos valores de Ra para a qual o escoamento unicelular se mantém estável, permitindo a separação dos constituintes da mistura.

8. Conclusão:

Neste capítulo, explorámos o estudo de uma camada plana sujeita a um fluxo de calor horizontal, destacando os mecanismos subjacentes à termogravitação e o seu impacto na separação dos constituintes de uma mistura binária. Através de uma abordagem analítica e numérica, demonstrámos que a configuração horizontal apresenta caraterísticas distintas que permitem uma separação eficiente das espécies sob o efeito de gradientes térmicos.

A análise das equações que regem a transferência de calor e massa neste sistema revelou que o gradiente de temperatura impõe um fluxo de matéria, que por sua vez é influenciado pela convecção. Considerando as condições de fronteira apropriadas e utilizando métodos de solução adequados, foi possível estabelecer expressões analíticas para os perfis de temperatura e concentração, permitindo avaliar o comportamento dinâmico da mistura. Estes resultados foram comparados com os dados numéricos obtidos pelo método dos elementos finitos, mostrando uma concordância satisfatória com os resultados de Vasseur et al [33], o que valida a nossa abordagem teórica.

Os resultados obtidos mostram que, ao contrário das configurações verticais, a configuração horizontal permite obter separações significativas com espessuras de camada maiores. Identificámos uma espessura de camada óptima que maximiza a separação, minimizando o tempo de relaxamento necessário para atingir o equilíbrio estacionário. Este resultado realça a importância da conceção experimental em sistemas de separação, em que dimensões maiores podem facilitar a implementação prática de dispositivos de termogravitação.

Também demonstrámos o impacto do número de Rayleigh na eficiência da separação. Com números de Rayleigh baixos, os efeitos de termodifusão predominam, levando a separações mais elevadas. Por outro lado, a valores elevados, a convecção intensa pode homogeneizar a mistura, reduzindo a eficiência da separação. Isto realça a necessidade de um acoplamento ótimo entre a convecção e a termodifusão para obter resultados máximos.

No entanto, há que ter em conta certas limitações. Embora este estudo tenha proporcionado uma base sólida para a compreensão da separação termogravitacional em configurações horizontais, os efeitos de borda, as variações de densidade e a natureza não linear das equações devem ser tidos em conta em estudos futuros. São necessários mais trabalhos experimentais para validar os modelos teóricos e para explorar misturas mais complexas e condições de funcionamento variadas.

Em conclusão, esta investigação sobre a termogravitação numa camada plana sujeita a um fluxo de calor horizontal não só alargou a nossa compreensão dos mecanismos de separação, como também abriu caminho a aplicações industriais promissoras. Os resultados obtidos fornecem indicações valiosas para o desenvolvimento de novas tecnologias de separação de fluidos, contribuindo para avanços nos domínios da energia, do ambiente e dos processos químicos. As perspectivas futuras incluem a exploração de configurações híbridas e a otimização dos sistemas existentes para melhorar o desempenho em aplicações reais.

Conclusão

O estudo efectuado sobre a separação termogravitacional em meios porosos demonstrou a importância de associar a convecção natural e a termodifusão para melhorar a separação dos componentes de uma mistura binária. Ao explorar configurações inovadoras, como uma cavidade horizontal preenchida com um meio poroso e sujeita a um fluxo de calor vertical constante, esta investigação contribuiu para a otimização dos processos de separação em sistemas complexos.

O fenómeno da termogravitação, resultante da interação entre um gradiente de temperatura e um campo gravitacional, reforça os efeitos da termodifusão. Na presença de meios porosos, este fenómeno é ainda amplificado pela modulação dos fluxos e pelo aumento dos gradientes de concentração. A abordagem adoptada neste trabalho baseia-se numa modelação analítica rigorosa, baseada nas equações de Darcy, e em simulações numéricas utilizando o método dos elementos finitos, o que nos permitiu prever com precisão as condições óptimas para a obtenção de separações máximas.

Os resultados obtidos mostram que a configuração horizontal estudada apresenta vantagens significativas em relação aos dispositivos verticais convencionais, nomeadamente em termos de facilidade de montagem experimental e de controlo dos parâmetros geométricos. Além disso, a utilização de um meio poroso permite um melhor controlo dos fluxos convectivos e a obtenção de maiores separações, mesmo para misturas complexas. Estes resultados estão de acordo com os trabalhos anteriores sobre a termogravitação e abrem caminho a novas aplicações, nomeadamente nos domínios da geoquímica, do tratamento de fluidos industriais e da separação de isótopos.

No entanto, apesar destes avanços, subsistem vários desafios. A validação experimental dos resultados numéricos e analíticos em condições reais é essencial para confirmar as previsões teóricas. Além disso, a extensão destes modelos a misturas multicomponentes mais complexas e a uma variedade de configurações geométricas poderá oferecer novas perspectivas para o desenvolvimento de processos industriais baseados na separação termogravitacional.

Em conclusão, este estudo contribuiu para uma melhor compreensão dos mecanismos de separação termogravitacional em meios porosos e destacou configurações inovadoras para otimizar estes processos. Os resultados fornecem uma base sólida para o desenvolvimento de novas tecnologias de separação de fluidos, com potenciais aplicações em várias áreas da engenharia de fluidos e energia. O trabalho futuro poderá centrar-se na integração destes métodos em processos industriais de grande escala, bem como na melhoria da modelação numérica de sistemas mais complexos.

Apêndice 1

Solução analítica, usando o software MAPLE, do problema de difusão termogravitacional numa célula horizontal com um fluxo constante aplicado às paredes horizontais.

```
> restart;
> eqFc:=diff(Fc(y),y$2)=-Ra*(b+phi*m):
> soleqFc:=dsolve(eqFc,Fc(y)):
> assign(soleqFc):
> clFc1:=subs(y=0,Fc(y))=0:
> clFc2:=subs(y=1,Fc(y))=0:
> solclFc:=solve({clFc1,clFc2},{_C1,_C2}):
> assign(solclFc):
> Fc(y):=factor(simplify(eval(Fc(y)))):
On pose : PSI0=(Ra*(b+phi*m))/2
> Fc(y):=PSI0*(y-y^2):
> u(y):=factor(simplify(diff(Fc(y),y))):
> eqtemp:=diff(f(y),y$2)=u(y)*b:
> soleqtemp:=dsolve(eqtemp,f(y)):
> assign(soleqtemp):
> cltemp1:=subs(y=0,diff(f(y),y))=-1:
> sol1temp:=solve({cltemp1},{_C3}):
> assign(sol1temp):
> f(y):=simplify(factor(eval(f(y)))):
> cltemp3:=int(u(y)*f(y)-b,y=0..1):
> f(y):=factor(eval(simplify(f(y)))):
> _C4:=0:
> T:=eval(b*x+f(y)):
> eqconc:=u(y)*m=(1/Le)*(diff(g(y),y$2)-diff(f(y),y$2)):
> soleqconc:=dsolve(eqconc,g(y)):
> assign(soleqconc):
> clconc1:=subs(y=0,diff(g(y),y)-diff(f(y),y))=0:
> sol1eqconc:=solve({clconc1},{_C5}):
> assign(sol1eqconc):
> g(y):=factor(simplify(eval(g(y)))):
> c:=m*x+g(y):
> clnonpen:=factor(simplify(int(Le*u(y)*g(y)-m+b,y=0..1)=0)):
> clconserv:=simplify(int(int(c,x=0..A),y=0..1)=0):
> resuc4:=solve({clconserv},{_C6}):
> assign(resuc4):
> c:=factor(simplify(eval(c))):
> soleq2:=solve({clnonpen},{m}):
> assign(soleq2):
> soleq1:=solve({cltemp3},{b}):
> assign(soleq1):

>
```

```
eqpsi0:=simplify(PSI0=(Ra/2)*(b+phi*m)):
>eq:=collect(factor(simplify(PSI0*2*(PSI0^2+30)*(Le^2*PSI0^2+30)-5*Ra*PSI0*(Le^2*PSI0^2+30+30*phi*Le+30*phi))),PSI0):
> soleq:={solve({eqpsi0},{PSI0})}:
> factor(simplify((Ra*Le^2-12-12*Le^2)^2-(Ra^2*Le^4+24*Ra*Le^2-24*Ra*Le^4+144-288*Le^2+144*Le^4+48*Le^3*Ra*phi+48*Le^2*Ra*phi))):
> plt1:=plot([S],Ra=0..0,thickness=[1],color=[black]):
>plt2:=PLOT(POINTS([1.5,4.248875],[3,4.223495],[2,4.6257725],[4,3.6816775],[5,3.1926225],[6,2.7610025],[7,2.37237],[8,2.0116375],[9,1.6642075],[10,1.31356],[11,0.9368525],[12,0.5269825],[13,0.2627875],[14,0.15694],[15,0.1037575],[18,0.03599],[22,0.005365],[26,0.00707],[28,0.01058],[30,0.0130875],[36,0.0172225],[40,0.018465],[44,0.019095],[50,0.0194075],[60,0.0191375],[70,0.018505],[90,0.0170725],[100,0.016405],[150,0.01384],[250,0.1037575],[350,0.0095025],[700,0.0069475],[1000,0.00586],[1500,0.0047175],SYMBOL(DIAMOND))):
> display({plt1,plt2}):
```

Apêndice 2

Abordagens ao estudo da estabilidade linear

```
> restart;
> N:=5:Le:=2:phi:=2/5:eps:=1:sigma:=I*omega:Digits:=30:
> Fc:=sum(a[i]*sin(Pi*i*y),i=1..N):
> theta:=(sum(b[i]*cos(Pi*i*y),i=0..N-1)):
> sep:=(sum(c[i]*cos(Pi*i*y),i=0..N-1)):
> Fc0(y):=PSI0*(y-y^2):
> T0:= b*x+1/2*PSI0*b*y^2-1/3*PSI0*b*y^3-y:
> c0:=m*x+1/2*PSI0*m*Le*y^2-1/3*PSI0*m*Le*y^3+1/2*PSI0*b*y^2-
1/3*PSI0*b*y^3-y-1/12*PSI0*b-1/12*PSI0*m*Le+1/2-1/2*m*A:
> expand(subs(y=1,diff(sep,y))):evalf(subs(y=0,diff(sep,y))):
> expand(subs(y=1,diff(theta,y))):evalf(subs(y=0,diff(theta,y))):
Calcul des résidus :
> loperFc:=diff(Fc,y,y)-k^2*Fc:loperT:=diff(theta,y,y)-k^2*theta:lopersep:=diff(sep,y,y)-
k^2*sep:loperFc2:=diff(loperFc,y,y)-k^2*loperFc:
> Eq1:=loperFc+I*k*Ra*(phi*sep+theta):
> Eq2:=loperT-sigma*theta-b*diff(Fc,y)+Fc*I*k*diff(T0,y)-diff(Fc0(y),y)*I*k*theta:
> Eq3:=(lopersep-loperT)/Le-eps*sigma*sep-diff(Fc,y)*m+I*k*Fc*diff(c0,y)-
diff(Fc0(y),y)*I*k*sep:
```

Programa de estudo da estabilidade linear

Projeção

```
> with(LinearAlgebra):
> sys:=seq(int(Eq1*sin(Pi*i*y),y=0..1),i=1..N),seq(int(Eq2*cos(Pi*i*y),y=0..1),i=0..N-
1),seq(int(Eq3*cos(Pi*i*y),y=0..1),i=0..N-1):
> (aa,bb):=GenerateMatrix([sys],[seq(a[i],i=1..N),seq(b[i],i=0..N-1),seq(c[i],i=0..N-1)]):
> deta1:=Determinant(aa):
> eqc:=evalc(deta1):
>eqi:=115750215/128*Pi^22*k^2*omega^3+53947935/2048*Pi^14*k^2*omega^7-
2071633815/4096*Pi^18*k^2*omega^5-
626101857/1024*Pi^16*k^4*omega^5+14235/32768*Pi^2*k^14*omega^7-
16384/2734375*m^4*k^16*Ra^4*omega-............
> eqr:=eqc-I*eqi:
> PSI0:=1/2*sqrt(5)*sqrt(Ra*Le^2-12-12*Le^2+sqrt(Ra^2*Le^4+24*Ra*Le^2-
24*Ra*Le^4+144-288*Le^2+144*Le^4+48*Le^3*Ra*phi+48*Le^2*Ra*phi))/Le:
> b:=(5*PSI0)/(PSI0^2+30):
> m:=-(Le*PSI0^2*b-5*Le*PSI0-30*b)/(Le^2*PSI0^2+30):
> eqrv:=eval(eqr):
> eqiv:=eval(eqi):
> with(plots):
```

```
>implicitplot3d([eqrv,eqiv],k=1..10,omega=1..200,Ra=1..500,color=[red,blue],numpoints=
3000):
> for k1 from 4.3 to 4.82 by 0.01 do
solfin1:=fsolve({subs(k=k1,eqrv)=0,subs(k=k1,eqi)=0},{Ra,omega},{Ra=250..320,omega
=80..200}):lprint(`k= `,k1,`sont : `,evalf(solfin1,10)):od:
```

Referências

[1] BIERLEIN J., A., A Phenomenological Theory of the Soret Diffusion, Journal of Chemical Physics, 23, p. 10-14 (1955).

[2] CASIMIR H. G., Statistical Foundations of the Thermodynamic of Irreversible Processes, Chem. Weekblad 50, p. 318-320 (1954).

[3] CLUSIUS K. e DICKEL G., Neues Verfahren zur Gasentmishung und Isopentrenung, Naturwiss, 26, p. 546 (1938).

[4] COSTESEQUE P., Sur la Migration Sélective des Isotopes et des Elements par la Thermodiffusion dans les solutions. Application de l'Effet Thermogravitationnel en Milieux Poreux. Observation expérimentales et Conséquences Géochimiques, Tese de doutoramento, Université Paul Sabatier, Toulouse (1982).

[5] COSTESEQUE P., HRIDABBA M. and SAHORES J., Possibilité de Différenciation des Hydrocarbures par Diffusion Thermogravitationnelle dans un pétrole Brut Imprégnant un Milieux Poreux, C. R. Acad. Sci. 304, 17, p. 1069-1074 (1987).

[6] COSTESEQUE P., POLLAK T., PLATTEN J. K., and MARCOUX M., Transient-State Method for Coupled Evaluation of Sor Thermodynamics, (New York: Dover 1984).

[7] DE GROOT S. R. e MAZUR P., Non-Equilibrium Thermodynamics (Nova Iorque: Dover 1984).

[8] DE GROOT S. R. , The Soret Effect, Thermal Diffusion in Condensed Phases, tese de doutoramento, Universidade de Amesterdão (1945).

[9] DE GROOT S e MAZUR P., Non Equilibrium Thermodynamics, North-Holland pub.Co (1961).

[10] ECENARRO O., MADARIAGA A., NAVARRO J., SANTAMARIA C. M., CARRION J. A., and SAVIRON J. M., Non Steady State Density Effects in Liquid Thermal Diffusion Columns, J . Phy. Condens. Matter 1, p. 9741-9750 (1989).

[11] Elhajjar B., Charrier-Mojtabi MC., Mojtabi A., Separation of a binary fluid mixture in a porous horizontal cavity, Phys Review E, Vol: 77, Article Number: 026310 (2008)

[12] Elhajjar B., Mojtabi A., Marcoux M., et al, Study of thermogravitation in a horizontal fluid layer, COMPTES RENDUS MECANIQUE vol: **334**. p. 621-627 (2006)

ème[13] El Maataoui M., Cons équence de la Thérmodiffusion en Milieu Poreux sur l'Hydrolyse de Solutions de Chlorures Ferriques et sue les Migrations d'Hydrocarbures dans les Mélanges de N-Alcanes et dans un Pétrole Brut : Implications Géochimiques, Thèse de Doctorat 3 cycle, Université Paul Sabatier, Toulouse (1986).

[14] EMERY A. H. e LORENZ M., Thermal diffusion in packed column; A. I. Ch. E. J. 9, p. 661-663 (1963).

[15] ESTEBE J., Etude de l'Effet Thermogravitationnel en Milieux Poreux, Thèse Docteur Ingénieur, n° 240, Université Paul Sabatier, Toulouse (1970).

[16] FURRY W. H., JONES R. C. e ONSAGER L., On the Theory of Isotropic Separation by Thermal Diffusion, Physical Review, 55, pp. 1083-1095 (1939).

[17] KÖHLER W. e WIEGAND S. 2002: Thermal Nonequilibrium Phenomena in Fluid Mixtures (Springer Lecture Notes in Physics vol.584) (Berlim: Springer).

[18] KORSGHING W. J. e WIRTZ K., Separação de misturas líquidas no tubo de separação Clusius (Separação de isótopos de zinco), Naturwissenschaften 27, p. 367-368 (1939).

[19] LORENZ M. e EMERY A. H., The Packed Thermodiffusion Column, Chemical Engineering Science, 11, p. 16-23 (1959).

[20] LUDWIG C. D., Diffusion Zwischen Ungleigherewärmten Oretn Gleich Zusammengesetzter. Lösunger, Akad. Wiss. Wien, Math. Nturw. Kl. 20, p. 539 (1856).

[21] MAJUNDAR S. D., Teoria da Separação de Isótopos por Difusão Térmica, Physical Review, 81 (5), p. 844 (1951).

[22] MARCOUX M., Contribution à l'Etude de la Diffusion Thermogravitationnelle en Milieux Poreux, tese de doutoramento, Université Paul Sabatier, Toulouse (1998).

[23] ONSAGER L., Reciprocal Relations in Irreversible Process, I. Phys. Rev. 38, p. 405-426 (1931).

[24] PLATTEN J. K., BOU-ALI M. M., and DUTRIEUX J. F., Enhanced Molecular Separation in Inclined Thermogravitational Columns, J. Phys. Chem. B, vol. 107, p. 11763-11767 (2003).

[25] PLATTEN J. K., and LEGROS J. C.,Convection in Liquids , Springer Verlag (1984).

[26] PRIGOGINE I., Thermodynamics of Irreversible Processes, I. Phys. Rev. 38, pp. 405-426 (1961).

[27] RIVIERE E. Sur la Migration des Composés Hydrocarburés dans des Mélanges Complexes (Huiles Naturelles) par Diffusion Thermogravitationnelle en Milieu Poreux. Etude Expérimentale et Etat des Modélisations, Tese de Doutoramento, Universidade Paul Sabatier, Toulouse (1991).

[28] SANCHEZ V., La Diffusion Thermique et son Application au Fractionnement des Mélange Binaires, tese de doutoramento, Université Paul Sabatier (1975).

[29] SCHOTT J., Contribution à l'Etude de la Thermodiffusion dans les Milieux Poreux. Application aux possibilités de Concentrations Naturelles, tese de doutoramento, Université Paul Sabatier, Toulouse (1973).

[30] SORET C., Influence de la Température sur la Distribution des Sels dans leurs Solutions, C. R. Acad. Sci. 91, p.289-291 (1880).

[31] SORET C., Sur l'Etat d'Equilibre que Prend, du Point de Vue de sa Concentration, une Dissolution Saline Primitivement Homogéne dont deux Parties sont Portées à des Températures Différentes, Ann. Chim. Phys. 22, p.293-297 (1881).

[32] SULLIVAN L. J., RUPPEL T. C. e WILLINGHAM C. B.,Packed Thermal diffusion columns, Ind. Eng. Chem. 49, p. 110-113 (1957).

[33] VASSEUR P., BAHLOUL A., BOUTANA N., Double Diffusive and Soret-Induced Convection in a shallow Horizontal Porous layer, Journal of Fluid Mechanics, vol. 491. p. 315-352 (2003).

Printed by Books on Demand GmbH, Norderstedt / Germany